FORSCHUNGSBERICHTE DES LANDES NORDRHEIN-WESTFALEN

Nr. 1356

Herausgegeben
im Auftrage des Ministerpräsidenten Dr. Franz Meyers
von Staatssekretär Professor Dr. h. c. Dr. E. h. Leo Brandt

DK 621.91.07

Prof. Dr.-Ing. Dr. h. c. Herwart Opitz

Dr.-Ing. Wilfried König

Dipl.-Ing. Manfred Schütte

*Laboratorium für Werkzeugmaschinen und Betriebslehre
der Rhein.-Westf. Techn. Hochschule Aachen*

Einfluß des Werkstoffes und der Werkstoffvorbehandlung auf die Oberflächengüte beim Räumen

SPRINGER FACHMEDIEN WIESBADEN GMBH

ISBN 978-3-663-06265-3 ISBN 978-3-663-07178-5 (eBook)
DOI 10.1007/978-3-663-07178-5

Verlags-Nr. 011356

Ursprünglich erschienen bei Westdeutscher Verlag, Köln und Opladen 1964

Inhalt

1. Einführung

Der Bericht schließt an die Forschungsberichte Nr. 426 und 928 des Landes Nordrhein-Westfalen an und enthält die Ergebnisse systematischer Untersuchungen über den *Einfluß des Werkstoffes und der Werkstoffvorbehandlung auf die Oberflächengüte beim Räumen.*

2. Einleitung und Aufgabenstellung

Das Räumen hat in den Betrieben der Massen- und Großserienfertigung eine weite Verbreitung gefunden und erschließt zur Zeit durch Erhöhung der Zugkraft und der Schnittgeschwindigkeitsbereiche der Räummaschinen weitere Anwendungsgebiete. Die zunehmende Bedeutung des Räumens innerhalb der Fertigungsverfahren führte in den letzten Jahren zu grundlegenden Untersuchungen des Räumvorganges.

Von den auf Grund praktischer Erfordernisse aufgestellten Bewertungspunkten für den Räumvorgang wird in dem vorliegenden Forschungsbericht die Oberflächengüte als das entscheidende Merkmal betrachtet. Diese Festlegung erfolgte deshalb, weil gerade beim Räumen als Endbearbeitungsverfahren die Oberflächengüte nach dem Zerspanvorgang von überwiegender Bedeutung ist. Von den verschiedenen Einflußgrößen auf die Oberflächengüte eines geräumten Werkstückes wird die Schneidengeometrie der Werkzeuge außer Betracht gelassen. Die Untersuchungen beschränken sich auf den Werkstückstoff und die Schnittbedingungen und zeigen Möglichkeiten auf, einmal durch eine Wärmebehandlung und zum anderen durch Veränderung der Schnittbedingungen das Räumergebnis zu beeinflussen. Außerdem sind Richtwertblätter für das Räumen mehrerer Werkstoffe aufgestellt worden, denen die erreichbare Oberflächengüte und die auftretenden Schnittkräfte unter verschiedenen Schnittbedingungen zu entnehmen sind.

3. Einfluß einer Wärmebehandlung eines Stahles auf die Oberflächengüte beim Räumen

Mit zunehmender Mechanisierung und Automatisierung der Fertigung wurden der Werkstoff und seine Vorbehandlung zu entscheidenden Einflußgrößen auf den Fertigungsablauf. Neben gleichmäßigen mechanischen Eigenschaften wird vom Werkstoff ebenso ein gleichmäßiges Zerspanungsverhalten gefordert.

Vielfach ist der Versuch unternommen worden, die Zusammenhänge zwischen Gefüge und der bei der Zerspanung entstehenden Oberfläche allgemeingültig zu erfassen [1, 2, 3]. Für den Räumvorgang gestalten sich jedoch derartige Untersuchungen infolge der zahlreichen Einflußgrößen äußerst schwierig, was auch in der geringen Zahl der Veröffentlichungen zu diesem Fragenkomplex zum Ausdruck kommt [4, 5, 6, 7].

Die meisten bisher durchgeführten Untersuchungen bezogen sich auf Zerspanungsbedingungen, wie sie beim Drehen angewendet werden. Die bei hohen Zerspanungsgeschwindigkeiten gefundenen Erkenntnisse lassen sich jedoch nicht auf Bearbeitungsverfahren übertragen, die eine niedrige Schnittgeschwindigkeit erfordern, wie z. B. das Räumen.

Werden zähe Werkstoffe mit niedrigen Schnittgeschwindigkeiten zerspant, so entsteht im allgemeinen eine Anhäufung von verfestigten, spröden Schichten des bearbeiteten Materials vor der Meißelschneide, Abb. 1. Diese Schichten bilden sich, wie in Abb. 1 zu erkennen ist, keilartig aus, isolieren die Schneide gegen den ablaufenden Span und übernehmen die Aufgabe der Schneide. Die Bildung einer solchen Aufbauschneide, wie diese Erscheinung von Schwerd [8, 9] benannt wurde, erfolgt periodisch. Erreicht die Aufbauschneide eine bestimmte Größe, so tritt ein teilweises Abscheren auf. Hierbei wird ein Teil der Aufbauschneide mit dem Span abgeführt, ein anderer Teil auf die Oberfläche bzw. Schnittfläche übertragen.

Auf diese Weise entstehen zipfelartige Gebilde, die der Oberfläche ein schuppenförmiges Aussehen geben, wie in der Abb. 2 in der fotografischen Aufnahme einer geräumten Oberfläche, in einem Schliff senkrecht zur bearbeiteten Oberfläche und im Abtastdiagramm in Schnittrichtung zu erkennen ist. Durch den sich immer wiederholenden Wechsel des Aufbauens und Abscherens der Aufbauschneide wird die Rauheit der Oberfläche, wie in Abb. 3 schematisch dargestellt ist [5], beeinflußt. Hier ist der Zusammenhang zwischen Anzahl der Schuppen für eine bestimmte Meßlänge und der Oberflächenrauheit als Funktion verschiedener Einflußgrößen qualitativ aufgetragen. Die Diagramme zeigen, daß die Kurven für die Anzahl der Schuppen pro Meßlänge und für die Rauhtiefe gegenläufig sind, d. h. daß bei einer größeren Anzahl von Aufbauschneidenteilchen auf der Oberfläche die Rauhtiefe geringer wird.

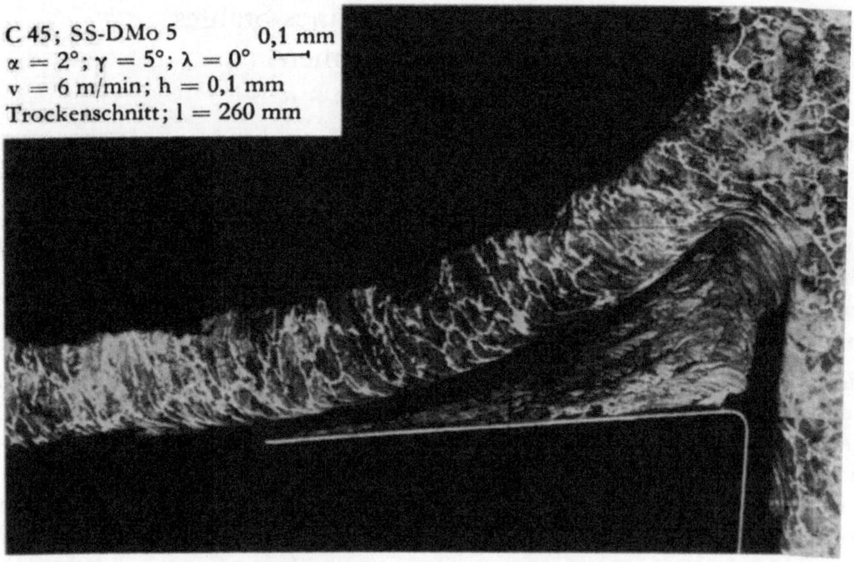

Abb. 1 Mikroschliffbild einer Spanwurzel

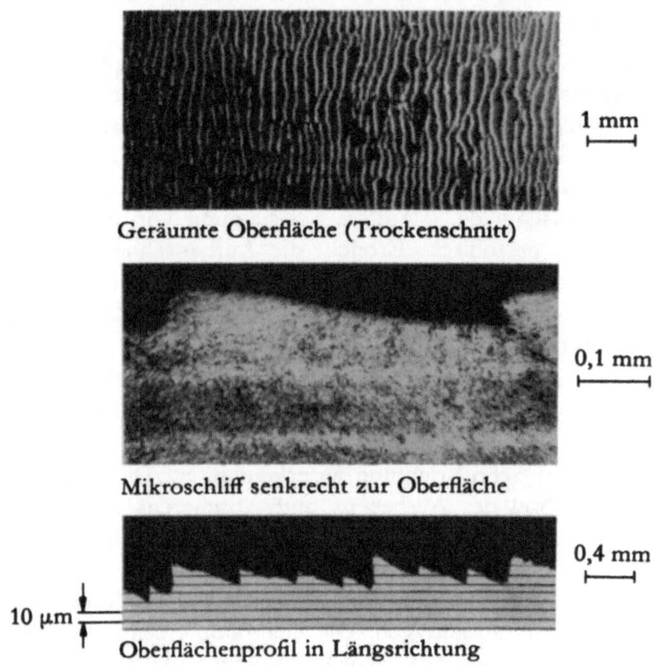

Abb. 2 Oberflächenaufnahme, Mikroschliff und Längsrauheit beim Räumen von Stahl C 45 V

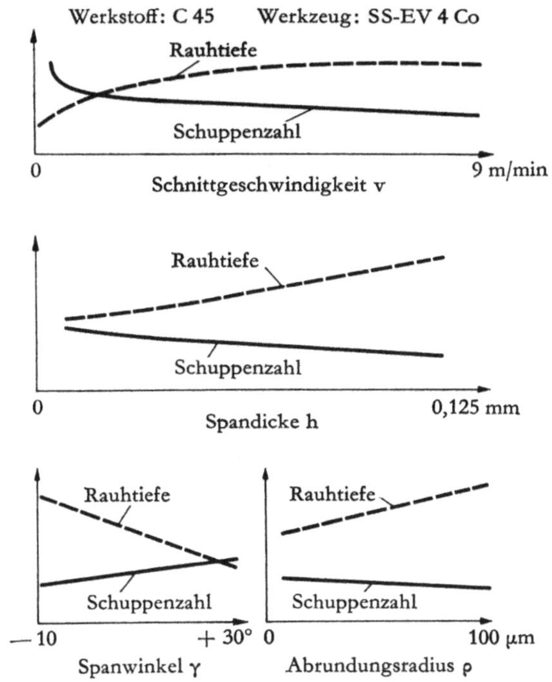

Abb. 3 Zusammenhang zwischen Oberflächenrauheit und Schuppenzahl

Betrachtungen über den Einfluß des Werkstoffes auf diese Vorgänge führten zu der Schlußfolgerung, daß die Art des Gefüges einen sehr entscheidenden Einfluß hat. Es ist bekannt, daß weiche und vor allem homogene Gefüge zu intensiverer Schneidenansatzbildung und damit zu schlechteren Oberflächengüten führen als heterogene Gefüge. Primär wird zwar die Gefügeausbildung von der chemischen Zusammensetzung des Werkstoffes bestimmt; sie läßt sich jedoch durch eine geeignete Wärmebehandlung beeinflussen und im Hinblick auf ein gutes Zerspanungsverhalten steuern.

In der Versuchsdurchführung wurde für die Bestimmung einer optimalen Wärmebehandlung zur Erzielung einer möglichst hohen Oberflächengüte der Werkstücke ein Einsatzstahl C 15 und ein Vergütungsstahl Ck 45 verschiedenen Wärmebehandlungen unterworfen. Als Wärmebehandlungsverfahren wurden das Normalglühen, das Grobkornglühen und Vergüten auf verschiedene Festigkeiten untersucht. Bei diesen drei Wärmebehandlungsverfahren wurden jeweils die üblichen Glühbedingungen angewendet, während für einen weiteren Vergütungsvorgang das Abschrecken von erhöhter Temperatur erfolgte, um ein grobkörniges Vergütungsgefüge zu erzielen. Es wurde darauf geachtet, daß für den normal- und grobkorngeglühten Zustand die Umwandlung vollständig in der Perlitstufe stattfand.

Die Bearbeitung der Werkstoffe erfolgte auf einer Senkrechträummaschine mit Schnittgeschwindigkeiten zwischen 1 und 9 m/min. Um den Einfluß einer eventuell auftretenden Randentkohlung bei der Wärmebehandlung mit hohen Austenitisierungstemperaturen auszuschalten, wurden die Versuchswerkstücke vorgehobelt.

Die Schneidengeometrie der Räumwerkzeuge (Freiwinkel $\alpha = 2°$; Spanwinkel $\gamma = 15°$; Zahnteilung t = 12 mm) blieb in den Versuchen konstant, und in allen Fällen wurde zur Kühlschmierung Emulsion im Mischungsverhältnis 1:5 verwendet. Bei der Ermittlung der Rauheit in Abhängigkeit von der Schnittgeschwindigkeit – bei v = 1 – 3 – 5 – 7 – 9 m/min – wurde die Zahnsteigung des Schnellarbeitsstahlwerkzeuges der Klasse D Mo 5 zu h = 0,05 mm gewählt. Zur Bestimmung des Einflusses der Zahnsteigung auf die Oberflächengüte wurden die Versuche bei konstanter Schnittgeschwindigkeit (v = 5 m/min) mit Zahnsteigungen von h = 0,02, 0,05, 0,08 und 0,1 mm durchgeführt.

Zur Kennzeichnung der Oberflächengüte wurden die geräumten Flächen quer zur Schnittrichtung mit einem Perth-0-Meter abgetastet und die Rauhtiefe R_t ermittelt. Aus der Abb. 4 ist die Lage der Meßstrecken von je 4 mm Länge auf der Oberfläche des geräumten Werkstückes ersichtlich.

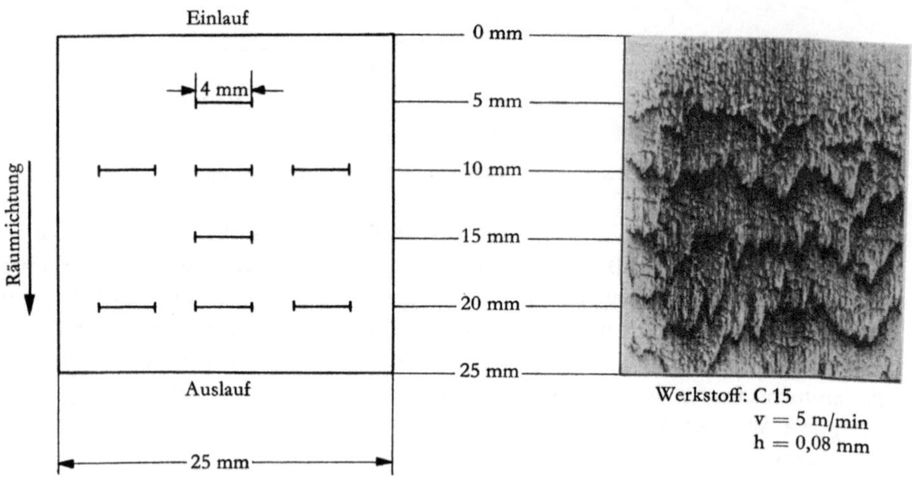

Abb. 4 Meßstrecken zur Ermittlung der Rauhtiefe R_t auf der Oberfläche eines geräumten Werkstückes

Bevor auf die Einzelergebnisse der Oberflächenuntersuchungen eingegangen wird, sollen einige allgemeine Hinweise zur Ermittlung der Oberflächenrauheit geräumter Werkstücke gegeben werden.

Die Abb. 5 zeigt in hoher Vergrößerung eine Oberfläche, wie sie für das Räumen von Stahlwerkstoffen charakteristisch ist. Um die Profilkurven auszuwerten, wurde eine Bezugsstrecke von 500 µm gewählt, wie im unteren Bildteil rechts eingezeichnet ist. Damit ist gewährleistet, daß Rauheit und Welligkeit getrennt erfaßt werden.

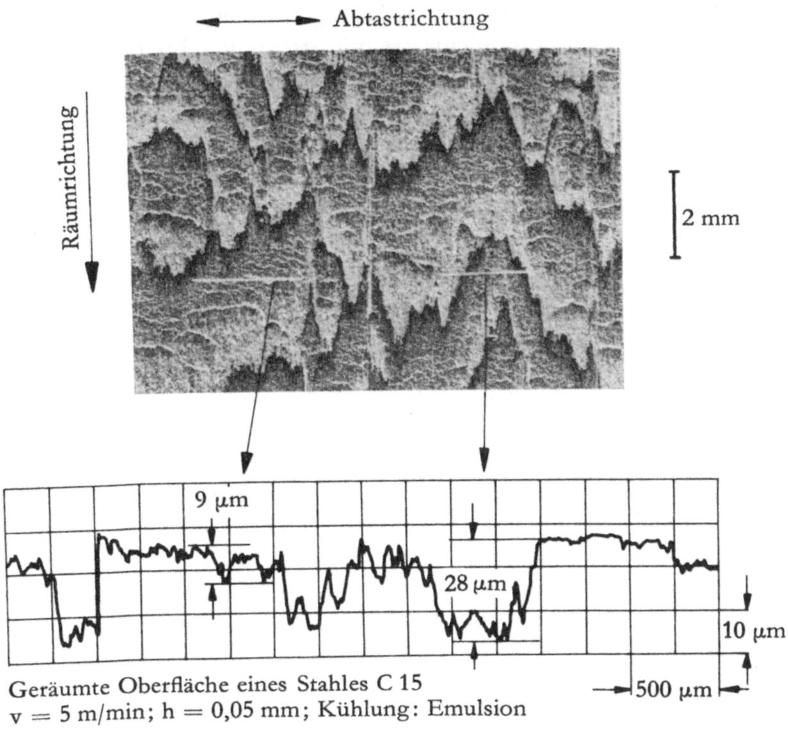

Abb. 5 Geräumte Oberfläche eines Stahles C 15

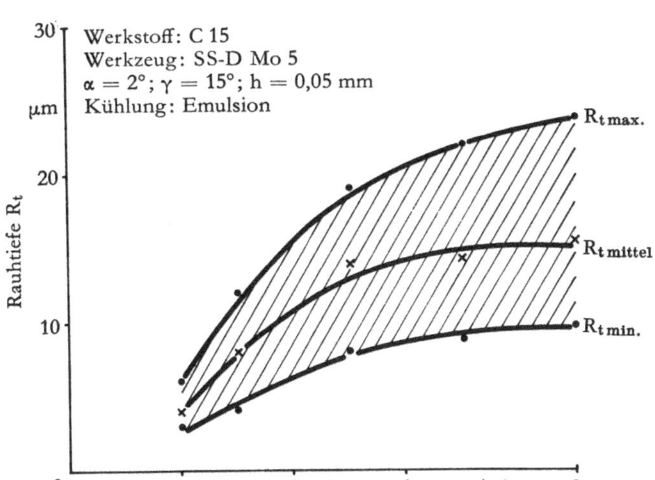

Abb. 6 Rauhtiefe R_t in Abhängigkeit von der Schnittgeschwindigkeit

Infolge der Aufbauschneidenteile auf der geräumten Oberfläche können sich je nach der Taststrecke Rauhtiefenwerte mit Streuungen bis etwa 1:5 ergeben. Im allgemeinen beträgt das Verhältnis von höchstem zu niedrigstem Wert jedoch 1:2. Die Streuungen werden um so größer, je höher die Schnittgeschwindigkeit – im Bereich zwischen 1 und 9 m/min – gewählt wird. Als Beispiel sind in Abb. 6 die kleinsten und größten gemessenen Rauhtiefenwerte und der arithmetische Mittelwert über der Schnittgeschwindigkeit aufgetragen.

3.1 Einsatzstahl C 15

Ein ferritisch perlitisches Gefüge läßt sich bei dem Stahl C 15 einfach erzielen. Infolge des niedrigen Kohlenstoffgehaltes liegt hier die kritische Abkühlungsgeschwindigkeit so hoch, daß auch bei kleinen Querschnitten das Abkühlen an Luft eine vollständige Umwandlung in der Perlitstufe bringt. Der Stahl wurde u. a. auch deshalb mit in die Untersuchungen einbezogen, weil hier besonders gut die Möglichkeit gegeben ist, den Einfluß der Ferritkorngröße auf die Oberflächenausbildung zu untersuchen. Um die Ferritkorngröße zu verändern, wurde einmal die Austenitisierungstemperatur von 900 auf 1000° C gesteigert, zum anderen an Luft und im Ofen abgekühlt. Zwei der bei verschiedenen Behandlungen erhaltenen Gefüge sind in Abb. 7 wiedergegeben. Die Tab. 1 und 2 enthalten die Richtanalysen des Stahles sowie die Wärmebehandlungsdaten und die erzielten Festigkeitswerte.

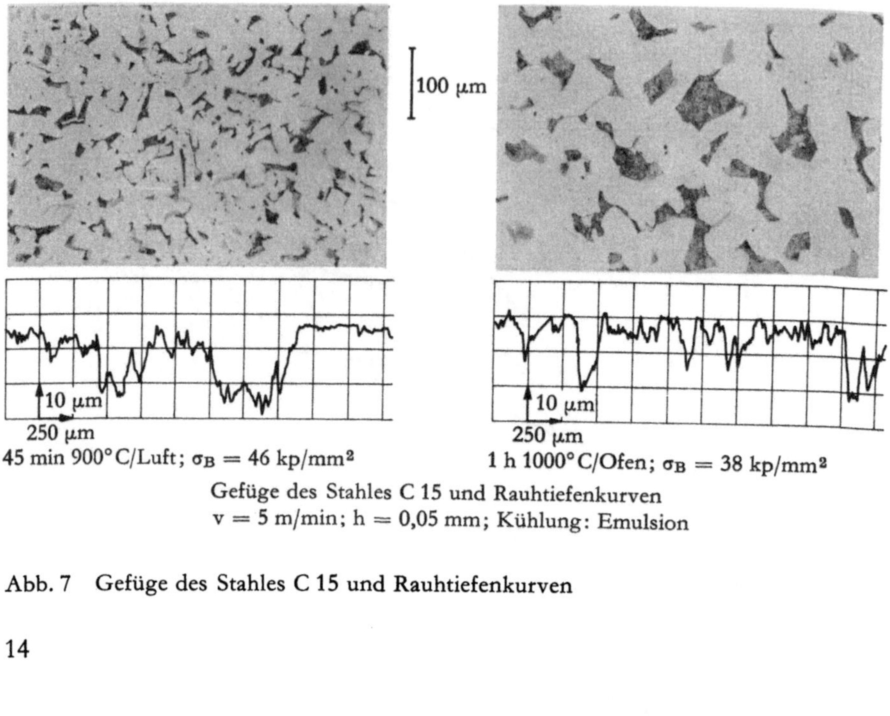

Abb. 7 Gefüge des Stahles C 15 und Rauhtiefenkurven

Tab. 1 Richtanalyse des Stahles C 15 DIN [17210]

Werkstoff	% C	% Si	% Mn	% P	% S
C 15	0,12 . . . 0,18	0,15 . . . 0,35	0,25 . . . 0,50	0,045	0,045

Tab. 2 Wärmebehandlung und Zugfestigkeit des Stahles C 15

Wärmebehandlung	σ_B [kp/mm²]
Normalisieren 45 min 900° C/Luft	46,5
Grobkornglühen 1 h 1000° C/Ofen	38
Hochtemperaturvergüten 1 h 1000° C/Wasser + 2 h 500° C/Luft	72
Hochtemperaturvergüten 1 h 1000° C/Wasser + 2 h 250° C/Luft	108
Vergüten 45 min 900° C/Wasser + 2 h 600° C/Luft	61
Vergüten 45 min 900° C/Wasser + 2 h 300° C/Luft	79,5

Wendet man eine hohe Austenitisierungstemperatur an und kühlt im Ofen ab, so wird nicht nur die Ferritkorngröße verändert, sondern diese Wärmebehandlung führt gleichzeitig zu einer groben Perlitanordnung und Perlitausbildung, wie in dem rechten Gefügebild zu erkennen ist.
Die Profilschriebe der geräumten Oberflächen im unteren Bildteil zeigen, daß durch ein Grobkornglühen gegenüber dem Normalisieren keine besseren Oberflächengüten erzielt werden konnten.
Die Abb. 8 und 9 geben das Gefüge des Stahles C 15 nach einem Härten und anschließendem Anlassen wieder. Es wurden hierbei sowohl die Austenitisierungstemperatur als auch die Anlaßtemperatur verändert. Bei einem Vergleich der Rauhtiefenkurven, die als charakteristisch für die jeweilige Oberfläche aus einer Gesamtmeßlänge von 32 mm entnommen wurden, kann man feststellen, daß sich deutliche Unterschiede in den Oberflächengüten nur für die in Abb. 8 dargestellten Gefüge und Wärmebehandlungen ergeben. Die geringste Rauheit tritt dann auf, wenn der Werkstoff durch eine hohe Austenitisierungs- und niedrige Anlaßtemperatur auf hohe Festigkeit gebracht wird. Gleichzeitig wird die Gleichmäßigkeit der Oberflächen verbessert.

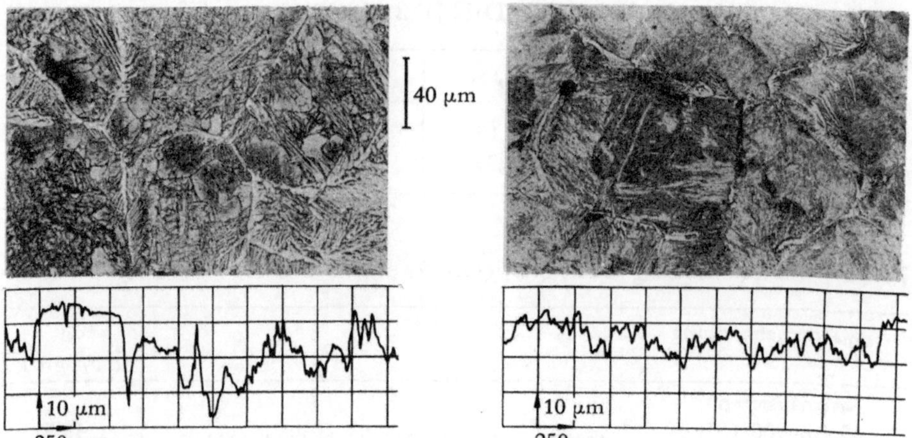

250 µm
1 h 1000° C/Wasser + 2 h 500° C/Luft
σ_B = 71 kp/mm²

250 µm
1 h 1000° C/Wasser + 2 h 250° C/Luft
σ_B = 108 kp/mm²

Gefüge des Stahles C 15 und Rauhtiefenkurven
v = 5 m/min; h = 0,05 mm; Kühlung: Emulsion

Abb. 8 Gefüge des Stahles C 15 und Rauhtiefenkurven

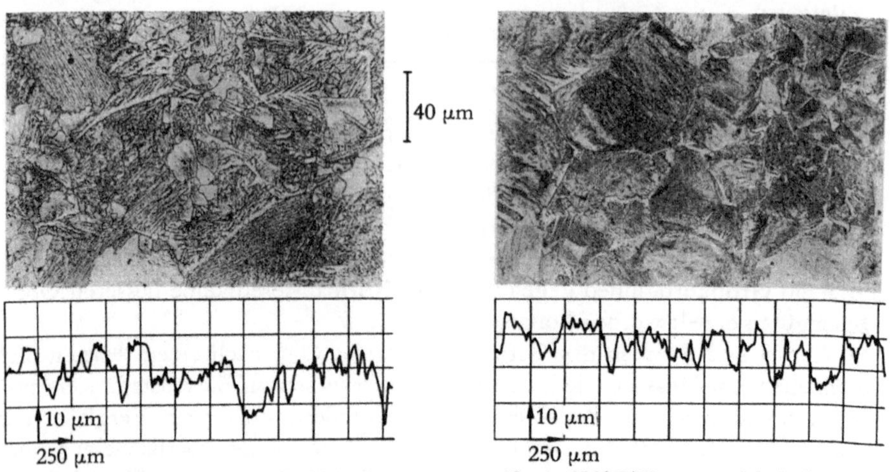

250 µm
45 min 900° C/Wasser + 2 h 600° C/Luft
σ_B = 61 kp/mm²

250 µm
45 min 900° C/Wasser + 2 h 300° C/Luft
σ_B = 81 kp/mm²

Gefüge des Stahles C 15 und Rauhtiefenkurven
v = 5 m/min; h = 0,05 mm; Kühlung: Emulsion

Abb. 9 Gefüge des Stahles C 15 und Rauhtiefenkurven

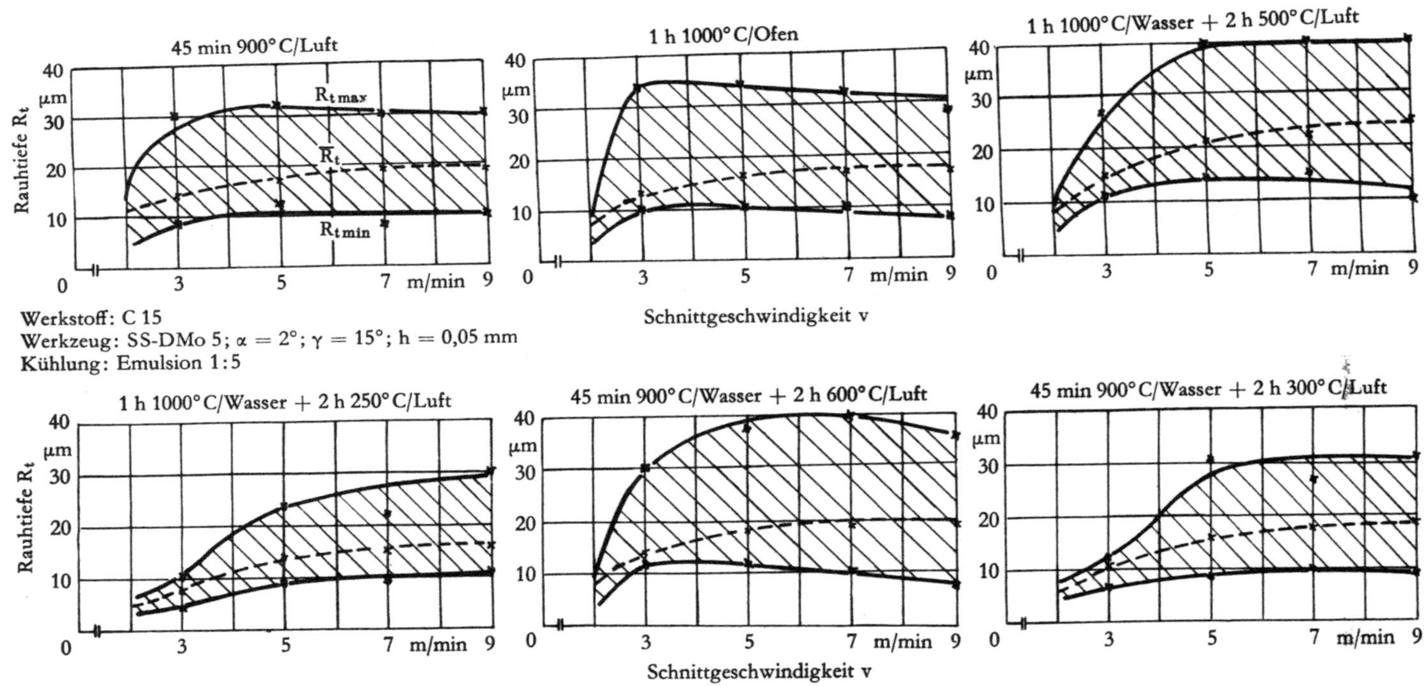

Abb. 10 Rauhtiefenwerte beim Räumen von Stahl C 15 in verschiedenen Wärmebehandlungszuständen

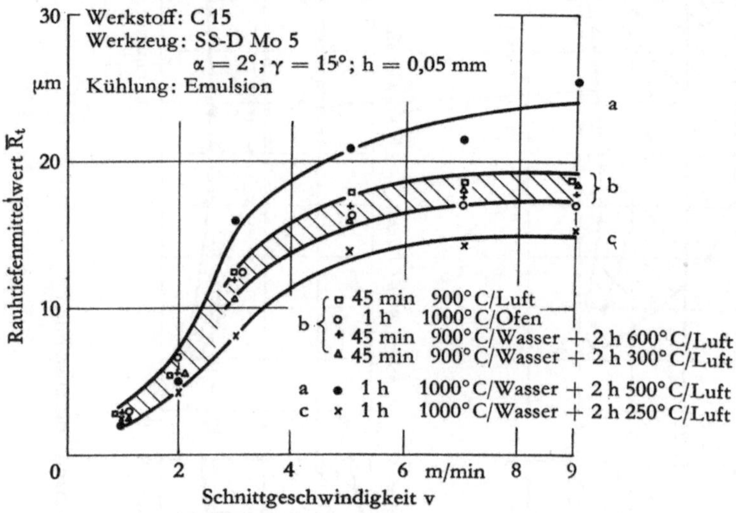

Abb. 11 Rauhtiefenmittelwerte $\bar{R}_t$ beim Räumen eines Stahles C 15

Die bisher erläuterten Versuchsergebnisse über den Einfluß einer Wärmebehandlung auf die Oberflächengüte geräumter Werkstücke eines Stahles C 15 gelten für eine Schnittgeschwindigkeit von 5 m/min. In den Abb. 10 und 11 sind demgegenüber einmal sämtliche Ergebnisse zusammengefaßt.

Über dem an der Maschine zur Verfügung stehenden Schnittgeschwindigkeitsbereich ist in Abb. 11 der arithmetische Mittelwert aufgetragen, der aus 64 Einzelwerten ermittelt wurde. Bereits eingangs wurde erwähnt, daß mit Streuungen der Rauhtiefen bis 1:5 gerechnet werden muß. Damit erhebt sich die Frage, ob die gefundenen Unterschiede in den Oberflächengüten auch dem Einfluß der Wärmebehandlung zuzusprechen sind.

Die Kurven a) und b) in Abb. 11 geben den Verlauf der Rauhtiefen nach dem Hochtemperaturvergüten des Werkstoffes wieder. Der Bereich b) umfaßt die Rauhtiefen nach einer Wärmebehandlung des Werkstoffes auf ferritisch-perlitisches Gefüge mit einem normalen Härten mit anschließendem Anlassen.

Eine statistische Auswertung [10] der Versuchsergebnisse ergab, daß die Abweichungen innerhalb des in der Abbildung schraffiert angelegten Bereiches b) eine statistische Sicherheit von weniger als 95% aufweisen und deshalb als zufällig gelten müssen. Das bedeutet, daß durch das im Gegensatz zum Normalisieren aufwendigere Vergüten und Grobkornglühen unter den hier angewendeten Zerspanungsbedingungen keine Vorteile in Richtung auf eine bessere Oberflächengüte erzielt werden konnten, d. h. also, daß ein Abschrecken von überhöhter Temperatur nur dann Vorteile bringt, wenn durch eine niedrige Anlaßtemperatur erhebliche Festigkeitssteigerungen damit verbunden sind. Es sei noch einmal darauf hingewiesen, daß für die Werkstücke mit der Wärmebehandlung 1 h 1000° C/Wasser + 2 h 250° C/Luft eine Zugfestigkeit von 108 kp/mm^2 gemessen wurde.

Die bisher gebrachten Ergebnisse haben Gültigkeit in einem Schnittgeschwindigkeitsbereich zwischen 3 und 9 m/min. Wird mit Schnittgeschwindigkeiten unter 3 m/min geräumt, so haben die hier untersuchten Wärmebehandlungen keinen Einfluß mehr auf die erzielbaren Oberflächengüten. Dieses Ergebnis ist für die Praxis deshalb besonders interessant, weil in den meisten Fällen ein erheblicher Mehraufwand an Kosten entsteht, wenn man ein bestimmtes, für die Oberflächengüte günstiges Gefüge anstrebt.

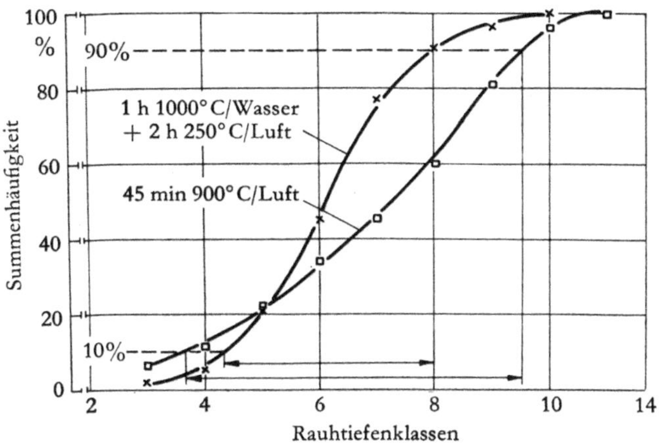

Abb. 12 Summenhäufigkeit der Rauhtiefenwerte beim Räumen eines Stahles C 15 in zwei verschiedenen Wärmebehandlungszuständen

Eine geräumte Oberfläche kann jedoch nicht allein nach dem arithmetischen Mittelwert der Rauhtiefen beurteilt werden. Zu berücksichtigen ist außerdem die Gleichmäßigkeit der Oberfläche. In der Abb. 12 ist daher die Summenhäufigkeit über den Merkmalswerten, die in diesem Falle Klassen für die Rauhtiefenwerte darstellen, aufgetragen. Der geringste Rauhtiefenstreubereich ist dazu in bestimmte Klassen aufgeteilt, um eine Verteilung zu erhalten. Man erkennt, daß z. B. der Bereich zwischen 10 und 90% aller gemessenen Rauhtiefenwerte für den Werkstoff C 15 bei einer Wärmebehandlung 1 h 1000° C/Wasser + 250° C/Luft vier Rauhtiefenklassen umfaßt, während sich für den normalisierten Zustand sechs Klassen ergeben. An Hand der beiden Summenhäufigkeitskurven ist demnach schon zu sehen, daß durch das Vergüten auf hohe Festigkeiten die Hochtemperaturvergütung gegenüber dem normalisierten Zustand auch die Gleichmäßigkeit der Oberfläche verbessert wird.

Der Einfluß der verschiedenen Wärmebehandlungsverfahren auf die Gleichmäßigkeit der geräumten Oberflächen läßt sich objektiv beurteilen, wenn man die Streuungen der Rauhtiefen auf ihren Unterschied untersucht. Wie bereits festgestellt wurde, sind die Streuungen der Rauhtiefen nach dem Vergüten des Werkstoffes auf eine Festigkeit von 108 kp/mm² kleiner als für den normalisierten Zustand.

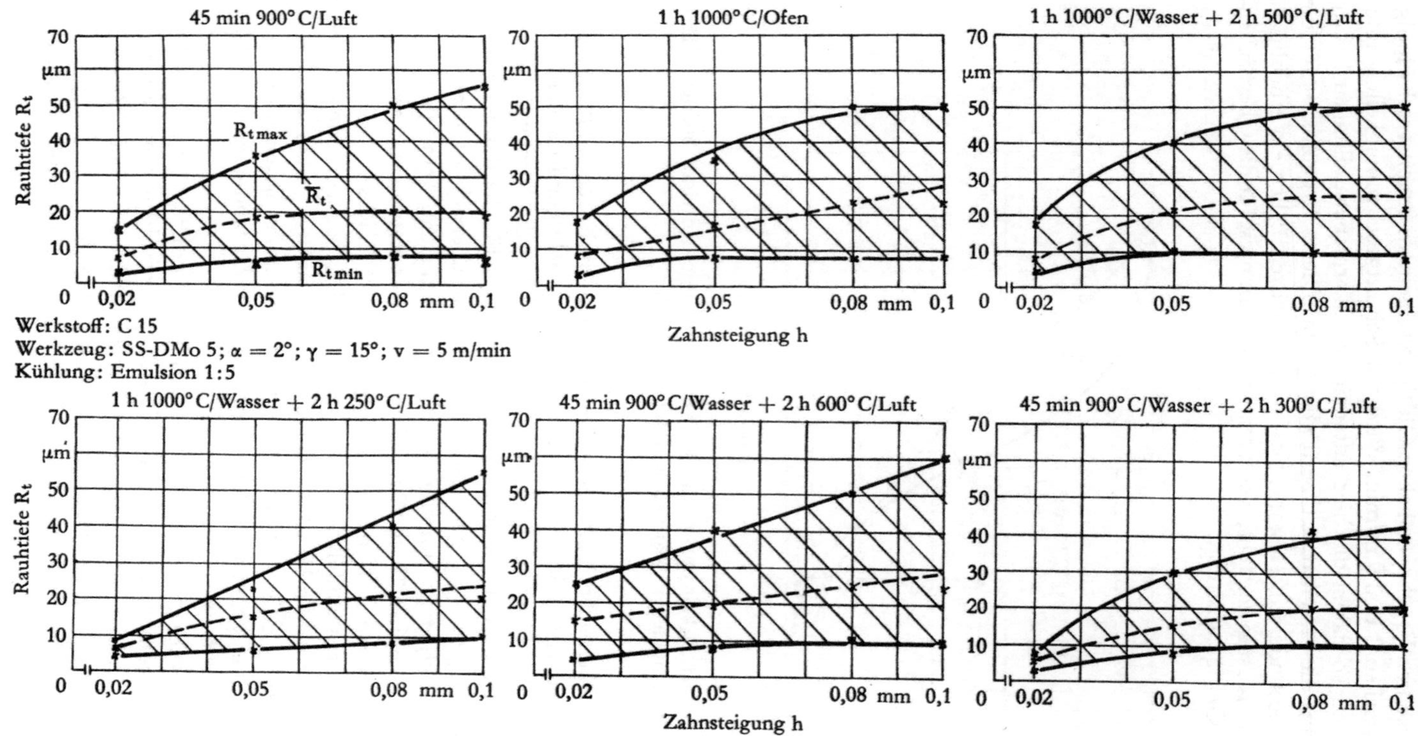

Abb. 13 Rauhtiefenwerte beim Räumen von Stahl C 15 in verschiedenen Wärmebehandlungszuständen

Nach statistischen Berechnungen ist der Unterschied in den Streuungen der Rauhtiefen zwischen dem Werkstoff im hochvergüteten Zustand und allen anderen untersuchten Wärmebehandlungszuständen mit mehr als 99% gesichert. In Abb. 13 sind ergänzend zu den Oberflächenuntersuchungen in Abhängigkeit von der Schnittgeschwindigkeit die Rauhtiefen für unterschiedliche Zahnsteigungen der Werkzeuge aufgetragen. Auch hier ergab sich, daß bei den untersuchten Zerspanungsbedingungen die niedrigsten Rauhtiefen und gleichzeitig die gleichmäßigsten Oberflächen dann erreicht werden, wenn bei der Wärmebehandlung eine weitgehende Perlitbildung angestrebt wird, wie sie beim Blindhärten und Anlassen auf hohe Festigkeiten auftritt.

3.2 Vergütungsstahl Ck 45

Das Räumen der Vergütungsstähle erfolgt aus Gründen der Fertigung in der Praxis häufig erst im fertigvergüteten Zustand. Dabei ergeben sich mit Rücksicht auf die geforderten Gebrauchseigenschaften nur wenig Möglichkeiten, einen gleichzeitig für die Oberflächengüte günstigen Gefügezustand zu wählen. In allen anderen Fällen aber, in denen die Bearbeitung im unvergüteten Zustand erfolgt, kann man durch eine gesonderte Wärmebehandlung ein günstiges Gefüge anstreben, wenn eine gute Oberfläche erreicht werden soll. Die Möglichkeiten hierzu wurden an einem Stahl Ck 45 untersucht, der im Automobilbau in zunehmendem Maße verwendet wird. Es wurden Wärmebehandlungszustände mit ferritisch-perlitischem Gefüge mit feinem und grobem Korn, weichgeglühte Gefüge mit eingeformtem Zementit und Vergütungsgefüge in die Untersuchungen einbezogen.
In Tab. 3 ist die untersuchte Stahlqualität Ck 45, die als Betriebsschmelze zur Verfügung stand, in ihrer chemischen Zusammensetzung angegeben.

Tab. 3 Chemische Zusammensetzung des Versuchswerkstoffes Ck 45

Werkstoff	% C	% Si	% Mn	% P	% S	% Cr	% Cu	% Mo	% Ni
Ck 45	1) 0,50	0,35	0,67	0,021	0,025	–	–	–	–
	2) 0,49	0,32	0,72	0,023	0,020	0,10	0,19	Spur	0,076

1) Werksanalyse 2) Institut für Eisenhüttenwesen, TH Aachen

Die Normalisierung erfolgte bei einer Temperatur von 850°C mit 30 min Haltezeit und Abkühlen an Luft. Das entsprechende Gefügebild ist in Abb. 14, links oben, dargestellt.
Ein grobkörniges Gefüge wurde durch ein 2½stündiges Halten bei einer Temperatur von 1050°C und anschließender Abkühlung an Luft erreicht. Infolge der hohen Abkühlgeschwindigkeit wird die Ferritbildung weitgehend unterdrückt; der Ferrit erscheint lediglich als schmales Netzwerk. Die hohe Austenitisierungs-

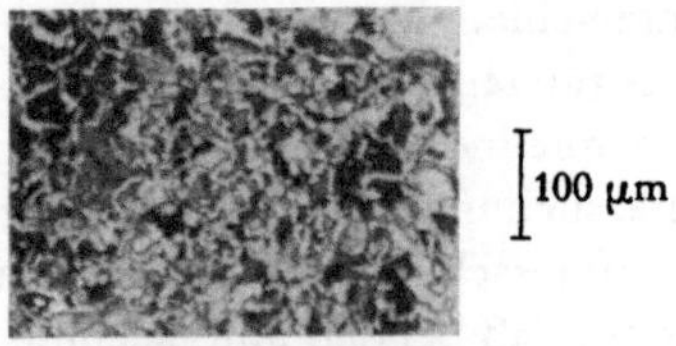

$\frac{1}{2}$ h 850° C/Luft (σ_B= 70 kp/mm²)

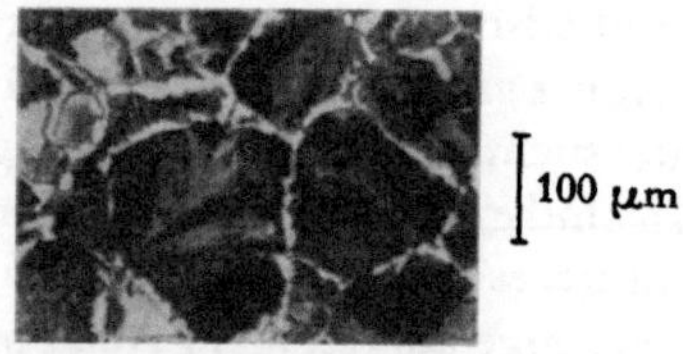

$2\frac{1}{2}$ h 1050° C/Luft (σ_B= 73 kp/mm²)

$2\frac{1}{2}$ h 1050° C/Ofen (σ_B= 62 kp/mm²)

840° C/Wasser + 2 h 600° C/Luft
(σ_B= 79 kp/mm²)

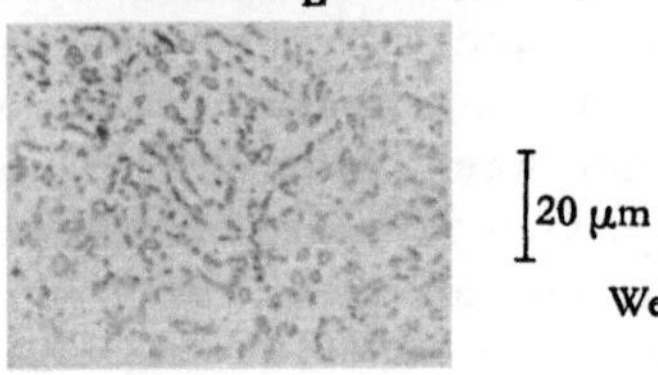

72 h 710° C/Ofen (σ_B= 55 kp/mm²)

Werkstoff: Ck 45

% C	% Si	% Mn	% P	% S
0,49	0,34	0,70	0,019	0,024

Abb. 14 Gefüge des Versuchswerkstoffes Ck 45 in verschiedenen Wärmebehandlungszuständen

temperatur war deshalb erforderlich, weil der Stahl mit Aluminium desoxydiert war. Derartig desoxydierte Stähle sind überhitzungsunempfindlich und zeigen erst bei sehr hohen Austenitisierungstemperaturen ein sprunghaftes Ansteigen der Korngröße.

In einer weiteren Grobkornglühung wurden die Versuchswerkstücke von 1050° C im Ofen bis zum A_{r1}-Punkt abgekühlt. Durch diese Wärmebehandlung wird ein grobes Korn mit aufgelockertem Perlit und höherem Ferritanteil erzielt. Um zu prüfen, wie sich ein Vergütungsgefüge auf die Oberflächen auswirkt, wurden die Versuchswerkstücke von 840° C in Wasser abgeschreckt und 2 h bei 600° C angelassen.

Neben dem Vergütungsgefüge und den ferritisch-perlitischen Gefügen mit unterschiedlicher Korngröße wurde ebenfalls der weichgeglühte Zustand mit in die Untersuchungen einbezogen. Zur Einformung der Karbide wurde der Stahl zunächst gehärtet, dann 72 h bei 710° C geglüht und anschließend im Ofen abgekühlt. Die Karbide sind fein verteilt und zu etwa 95% eingeformt. Die Tab. 4 enthält die Festigkeitswerte des Versuchswerkstoffes in den einzelnen Wärmebehandlungszuständen.

Die für die Zugversuche verwendeten Proben entsprachen der Norm B 14×70 DIN 50125 und wurden in Längsrichtung den Versuchswerkstücken entnommen. Die Festigkeits- und Verformungskennwerte wurden jeweils in zwei Zugversuchen ermittelt.

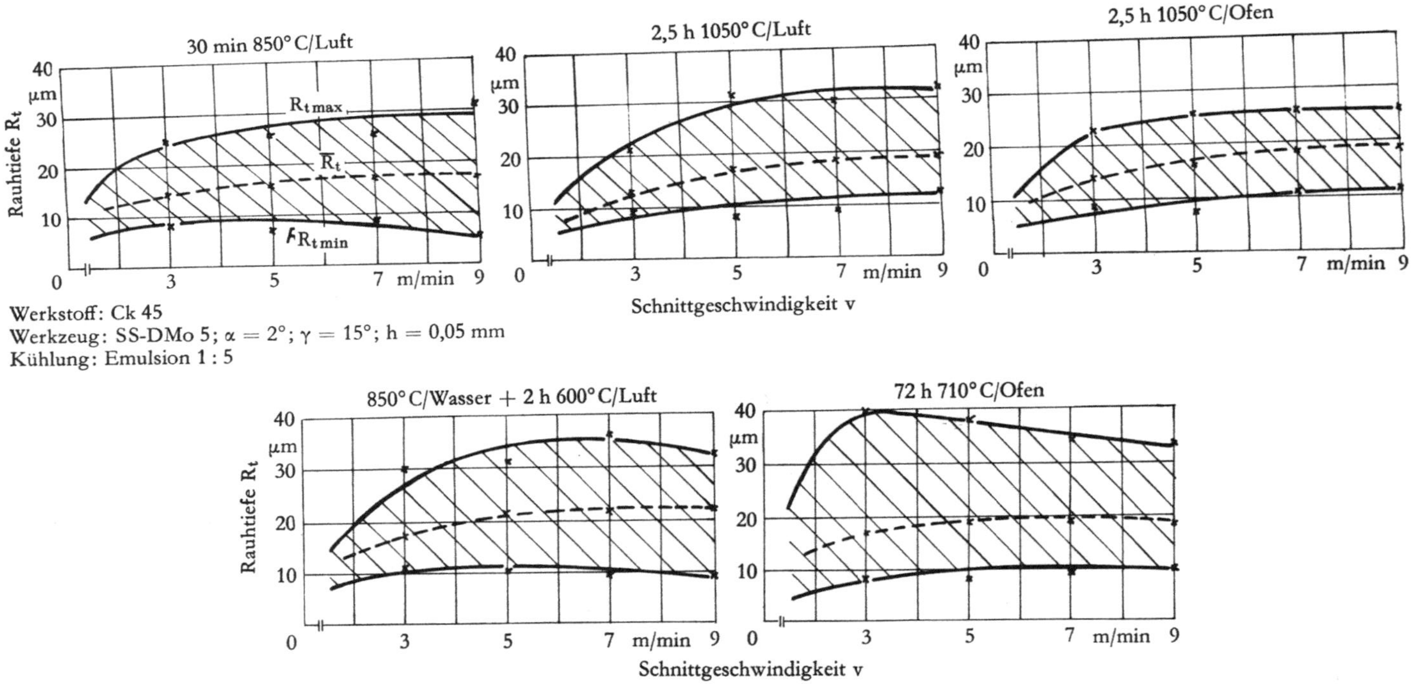

Abb. 15 Rauhtiefenwerte beim Räumen von Stahl Ck 45 in verschiedenen Wärmebehandlungszuständen

Tab. 4 Wärmebehandlung und Festigkeitswerte des Stahles Ck 45

Wärmebehandlung	σ_S [kp/mm²]	σ_{max} [kp/mm²]	σ_B [kp/mm²]	δ_5 [%]	Ψ [%]
Normalisieren N ½ h 850° C/Luft	40,4	103,6	70,5	24,5	39,1
Grobkornglühen GH 1 2½ h 1050° C/Luft	34,9	100,0	72,7	19,0	33,9
Grobkornglühen GH 2 2½ h 1050° C/Ofen	28,3	84,8	62,4	22,4	32,0
Vergüten V 850° C/Wasser + 2 h 600° C/Luft	57,6	139,2	78,5	25,0	60,8
Weichglühen G 72 h 710° C/Ofen	38,8	112,7	54,8	33,0	65,5

Die Ergebnisse der Räumversuche am Werkstoff Ck 45 in verschiedenen Wärmebehandlungszuständen sind in den Abb. 15, 16 und 17 zusammenfassend dargestellt. Die einzelnen Werte für die Rauhtiefenmittelwerte in Abhängigkeit von der Schnittgeschwindigkeit, Abb. 16, setzen sich auch hier wiederum aus 64 Einzelwerten zusammen. Für den weichgeglühten und vergüteten Zustand ergeben sich für die Rauhtiefe R_t für Schnittgeschwindigkeiten über 3 m/min zwei getrennte Kurvenzüge. Das Maximum der Rauhtiefen liegt für Werkstücke im weichgeglühten Zustand bei 5 m/min. Es wird noch an anderer Stelle des Berichtes gezeigt,

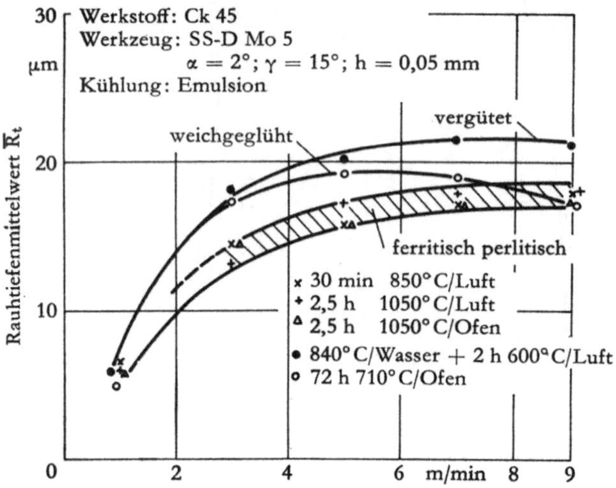

Abb. 16 Rauhtiefenmittelwert $\overline{R}_t$ beim Räumen eines Stahles Ck 45 in verschiedenen Wärmebehandlungszuständen

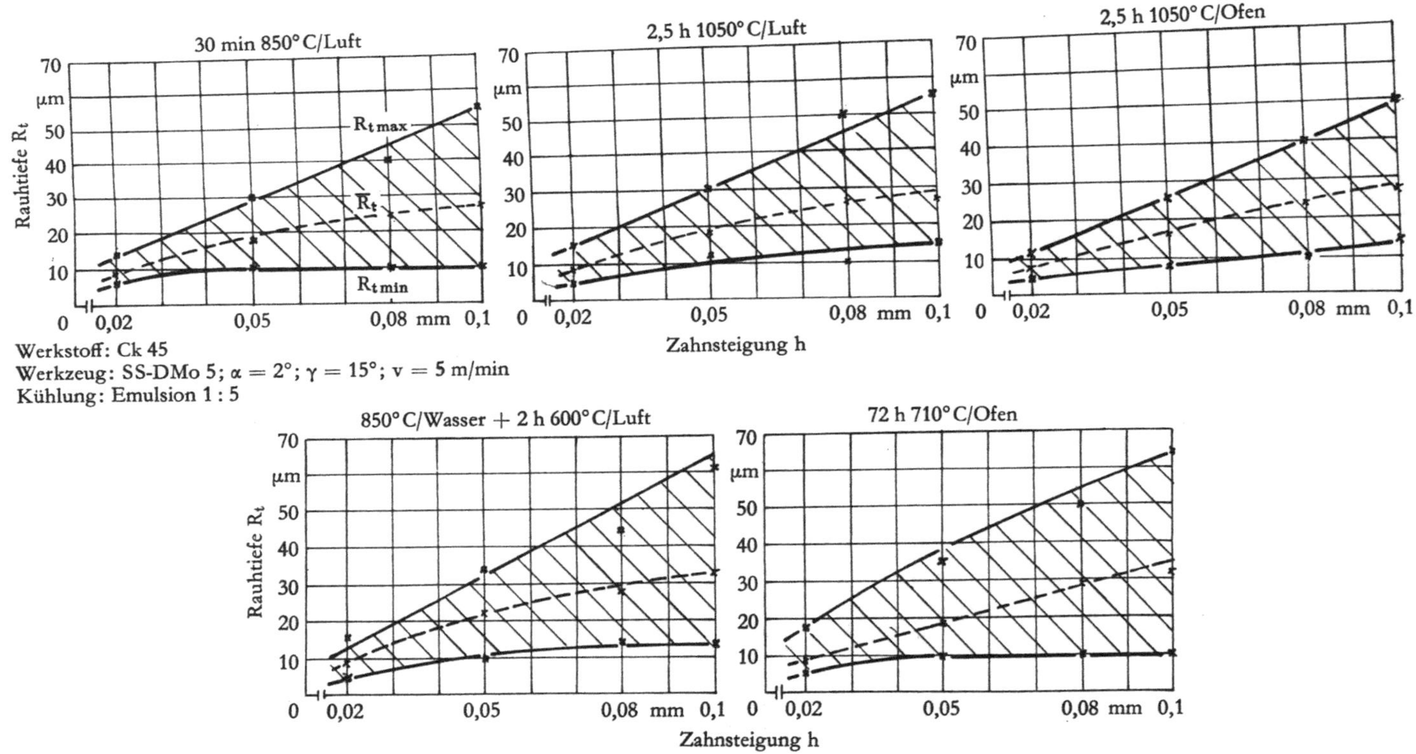

Abb. 17 Rauhtiefenwerte beim Räumen von Stahl Ck 45 in verschiedenen Wärmebehandlungszuständen

daß gerade für weichgeglühte Werkstoffe erheblich bessere Oberflächengüten erzielt werden können, wenn die Schnittgeschwindigkeiten über den heute beim Räumen üblichen Bereich erhöht werden.
Die Rauhtiefen für die Werkstoffe in den ferritisch-perlitischen Gefügezuständen ordnen sich in dem schraffiert eingezeichneten Bereich an. Die Unterschiede in den arithmetischen Mittelwerten der Rauhtiefen für die drei untersuchten Wärmebehandlungsverfahren sind statistisch mit weniger als 95% gesichert und müssen deshalb als zufällig gelten. Es ist also für diesen Werkstoff unter den hier untersuchten Schnittbedingungen gleichgültig, welche der drei Wärmebehandlungen auf ferritisch-perlitisches Gefüge im Hinblick auf die Oberflächengüte eingesetzt wird. Unter Berücksichtigung des geringeren Arbeitsaufwandes beim Normalglühen wird man daher dieses Verfahren dem Grobkornglühen mit seinem höheren Arbeits- und Kostenaufwand vorziehen.

3.3 Einfluß der Zeiligkeit eines Werkstoffes auf die Oberflächengüte

Neben der Gefügeausbildung quer zur Walzrichtung eines Werkstoffes hat die häufig auftretende Zeilenstruktur, insbesondere für Innenräumoperationen mit profilierten Werkzeugen, einen starken Einfluß auf die Oberflächengüte. Außer der ungünstigen Beeinflussung der Quereigenschaften des Werkstoffes führen starke Ferritzeilen zu intensiverer Aufbauschneidenbildung und damit zu schlechteren Oberflächen. Die Freiflächen der Werkzeuge verkleben, und es treten damit Unregelmäßigkeiten der Oberflächen auf, die bis zum Unbrauchbarwerden der Werkstücke führen können.
Es dürfte deshalb interessant sein, die Möglichkeiten zur Erzielung eines zeilenfreien Gefüges aufzuzeigen. Die Betrachtungen beschränken sich dabei auf die am häufigsten auftretende Ferrit-Perlitzeiligkeit. An einem Beispiel soll gezeigt werden, welche Verbesserungen der Oberflächengüte durch ein zeilenfreies Gefüge möglich sind.
Nach dem heutigen Stand der Erkenntnisse liegen die Ursachen der Gefügezeiligkeit in den sich bei der Erstarrung ausbildenden Kristallseigerungen. Während des Verformungsvorganges werden die geseigerten globulitischen oder dendritischen Kristalle gestreckt, wodurch die Zeilenform entsteht. Außer durch eine kristallseigerungsärmere Blockerstarrung läßt sich ein zeilenfreies Gefüge nur durch eine Wärmebehandlung erreichen. Dabei ist nach W. Peter und H. Finkler [11] zwischen zwei zu verschiedenen Ergebnissen führenden Behandlungen zu unterscheiden:

1. Unterdrückung der Zeiligkeit durch eine beschleunigte Abkühlung in das Temperaturgebiet der Perlitumwandlung, wobei eine orientierte Entmischung durch die unterdrückte Kohlenstoffdiffusion verhindert wird. Diese Wärmebehandlung beseitigt nicht die Ursachen der Zeiligkeit; jede weitere Wärmebehandlung läßt die Zeilen sofort wieder in Erscheinung treten.
2. Abbau der Kristallseigerungen durch eine Diffusionsglühung.

Ein zeilenfreies Gefüge kann am einfachsten durch ein beschleunigtes kontinuierliches Abkühlen aus dem Austenitgebiet erreicht werden. Dabei darf eine Mindestabkühlgeschwindigkeit nicht unterschritten werden. Nach Angaben im Schrifttum [11] beträgt diese Abkühlgeschwindigkeit 20–40° C/min, wobei den Einsatzstählen wegen ihres niedrigen Kohlenstoffgehaltes die höhere Abkühlgeschwindigkeit zuzuordnen ist.

Die Frage, wann eine beschleunigte Abkühlung angewendet werden kann, wird von dem Umwandlungsverhalten des Stahles beantwortet. Das Verfahren bleibt auf die Stähle beschränkt, bei denen mit der erforderlichen Abkühlungsgeschwindigkeit nicht das Zwischenstufengebiet durchlaufen wird, wobei sich unerwünschtes Zwischenstufengefüge ausbildet.

In der Abb. 18 sind als Beispiel für die besprochenen Wärmebehandlungen eines Werkstoffes zur Erzielung eines zeilenfreien Gefüges zwei Schliffbilder eines Stahles 16 Mn Cr 5 gegenübergestellt. Im Anlieferungszustand ist das Gefüge stark zeilig, wie in dem Längsschliff im linken Bildteil zu erkennen ist. Austeniti-

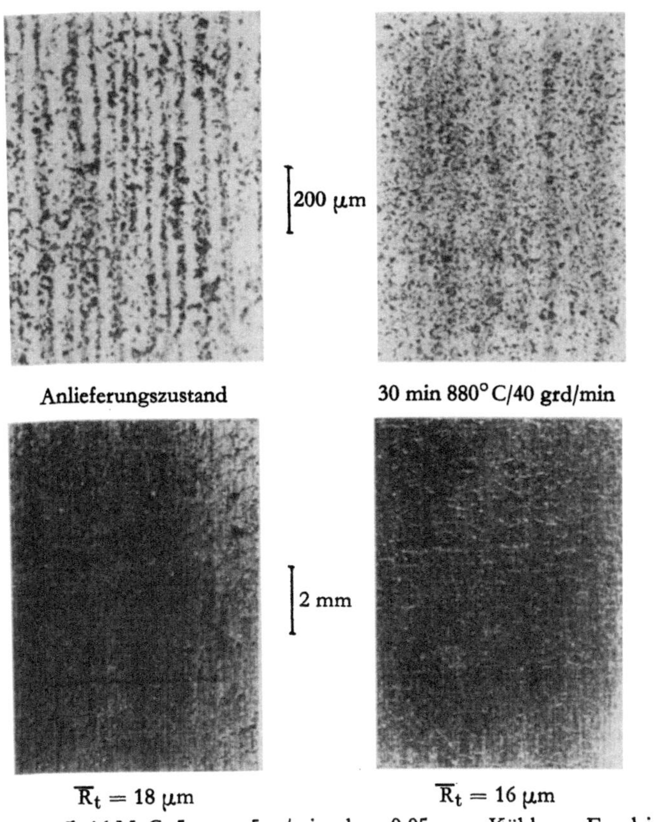

Abb. 18 Längsschliff und geräumte Oberfläche des Werkstoffes 16 Mn Cr 5 vor und nach der Wärmebehandlung auf Zeilenfreiheit

siert man den Werkstoff bei 800° C und kühlt ihn anschließend mit einer Geschwindigkeit von etwa 40° C/min ab, so kann die Zeiligkeit des Gefüges stark vermindert werden, wie das Gefügebild rechts zeigt. Die bei einer Schnittgeschwindigkeit von 5 m/min geräumten Oberflächen sind in der unteren Abbildung einander gegenübergestellt. Die Unterschiede in den mittleren Rauhtiefen sind mit 18 μm für das zeilige Gefüge und 16 μm für das nichtzeilige relativ gering. Bei der Beurteilung der Rauhtiefen muß darauf hingewiesen werden, daß durch das nochmalige Erwärmen des zeiligen Werkstoffes in das γ-Gebiet das Gefüge nach dem Abkühlen feinkörniger geworden ist. Eine Trennung zwischen dem Einfluß der verminderten Gefügezeiligkeit und dem feineren Sekundärgefüge auf die Rauheit ist deshalb nicht möglich.
Die fotografischen Aufnahmen der Oberflächen zeigen jedoch, daß die Makrogestalt der Oberfläche beim Räumen des zeiligen Gefüges sehr unregelmäßig ausgebildet ist. Die dunklen Stellen in der Abbildung, die in Zeilen- und Schnittrichtung verlaufen, sind die Folge von Werkstoffverklebungen an den Freiflächen des Werkzeuges. Dieses »Schmieren«, wie dieser Vorgang im allgemeinen genannt wird, führt beim Innenräumen mit profilierten Werkzeugen bei ungünstigen Schnittverhältnissen in den Profilecken häufig zur Zerstörung der Oberflächen über die gesamte Räumlänge.

4. Räumen mit erhöhter Schnittgeschwindigkeit

Nachdem in den bisherigen Ausführungen der Einfluß einer Wärmebehandlung auf die Oberflächengüte geräumter Werkstücke beschrieben wurde, soll im folgenden noch gezeigt werden, welche Möglichkeiten die Änderung der Schnittgeschwindigkeit bietet, das Räumergebnis zu beeinflussen. Die bisher gezeigten Abhängigkeiten zwischen Rauhtiefe und Schnittgeschwindigkeit machten deutlich, daß mit steigender Schnittgeschwindigkeit in dem untersuchten Bereich zwischen 1 und 9 m/min die Rauhtiefen größer werden. Vom Drehvorgang ist jedoch bekannt, daß in dem bisher angewendeten Schnittgeschwindigkeitsbereich die Rauhtiefen im allgemeinen abfallen. Es muß also bei einer bestimmten Geschwindigkeit ein Maximum existieren, nach dessen Überschreiten die Rauhtiefen kleiner werden.

In letzter Zeit sind verschiedene amerikanische Veröffentlichungen erschienen, aus denen zu entnehmen ist, daß in den USA beim Räumen von Motorenteilen hohe Schnittgeschwindigkeiten angewendet werden. Nach Literaturangaben [12] betragen diese für Waagerechträummaschinen bis zu 90 m/min bei installierten Leistungen von 180 kW. Bemerkenswert sind die Mitteilungen einiger Firmen, wonach mit Schnellarbeitsstahlwerkzeugen richtiger Konstruktion und ebenfalls mit hartmetallbestückten Räumwerkzeugen bei hohen Schnittgeschwindigkeiten hervorragende Oberflächengüten erzielt werden. Irgendwelche quantitativen Angaben über erreichte Oberflächengüten und Standzeiten fehlen jedoch. Aus diesem Grunde wurden Versuche beim Außenräumen mit einer Sondermaschine in einem Schnittgeschwindigkeitsbereich zwischen 1 und 60 m/min durchgeführt.

Die Abb. 19 zeigt die Ergebnisse dieser Untersuchungen an drei verschiedenen Werkstoffen beim Einsatz von Schnellarbeitsstahlwerkzeugen. Es sind die größten und kleinsten gemessenen Rauhtiefen über der Schnittgeschwindigkeit aufgetragen. Man erkennt, daß die Rauhtiefen in dem heute beim Räumen ausgenutzten Geschwindigkeitsbereich zwischen 1 und 10 m/min stark ansteigen. Zusätzlich zu der Erhöhung der mittleren Rauhtiefen ergibt sich noch eine starke Ungleichmäßigkeit der geräumten Oberflächen, wie aus dem eingezeichneten Streuband ersichtlich wird. Werden Schnittgeschwindigkeiten über 10 m/min angewendet, so fallen die Rauhtiefen je nach geräumtem Werkstückstoff stark ab. Besonders deutlich wird dies für den Kugellagerstahl 100 Cr 6, der wegen seiner hohen Festigkeit im weichgeglühten Zustand bearbeitet werden muß. Es ist aus der Räumpraxis bekannt, daß gerade dieser Werkstoff wegen seiner Neigung zum »Schmieren« erhebliche Schwierigkeiten bei den heute noch üblichen Schnittgeschwindigkeiten bereitet.

Werden höhere Schnittgeschwindigkeiten beim Räumen angewendet, so wird unter Umständen der Einsatz von hartmetallbestückten Räumwerkzeugen wegen der vergleichsweise gegenüber Schnellarbeitsstahlwerkzeugen höheren Verschleißfestigkeit bei steigenden Schnittemperaturen notwendig. Durch die bei hohen Schnittgeschwindigkeiten verminderte Aufbauschneidenbildung wird auch die Gefahr eines Ausbrechens der Hartmetallschneiden herabgesetzt. Die Untersuchungen wurden deshalb auch auf hartmetallbestückte Räumwerkzeuge ausgedehnt.

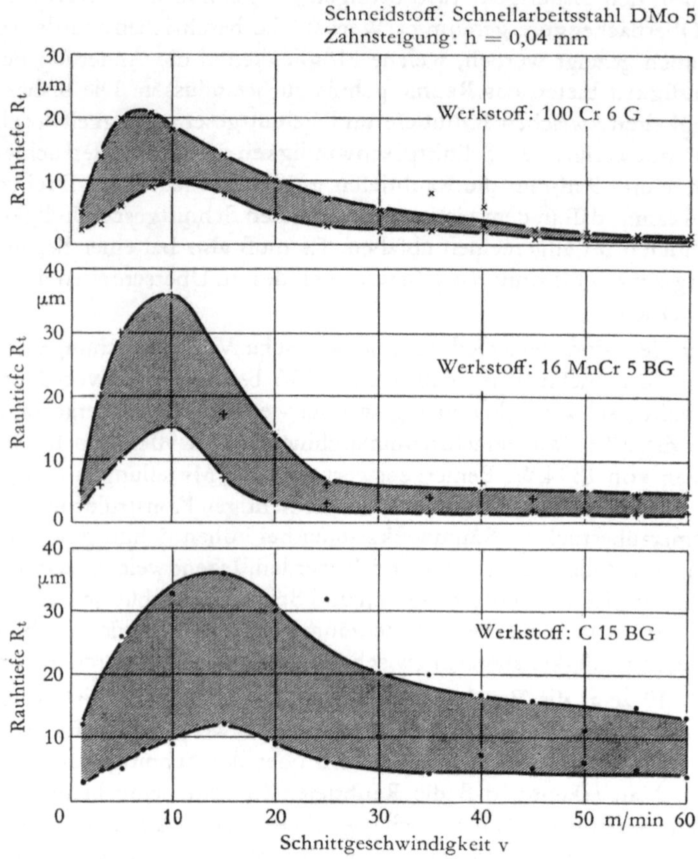

Abb. 19 Rauhtiefe R_t beim Räumen verschiedener Werkstoffe in Abhängigkeit von der Schnittgeschwindigkeit

Wie aus Abb. 20 zu ersehen ist, ergibt sich grundsätzlich der gleiche Verlauf der Rauhtiefe über der Schnittgeschwindigkeit, wie er auch beim Einsatz von Schnellarbeitsstahlwerkzeugen beobachtet wurde.

Ein Vergleich der Rauhtiefenkurven für den Werkstoff C 15, der in einem ferritisch-perlitischen Gefüge vorlag, und für den weichgeglühten Kugellagerstahl 100 Cr 6 läßt vermuten, daß unterschiedliche Gefügezustände bei Schnittgeschwindigkeiten über 10 m/min einen größeren Einfluß auf die Oberflächengüten haben als bei Geschwindigkeiten unter 10 m/min. Versuche an einem Stahl Ck 45 in verschiedenen Wärmebehandlungszuständen bestätigen diese Vermutung.

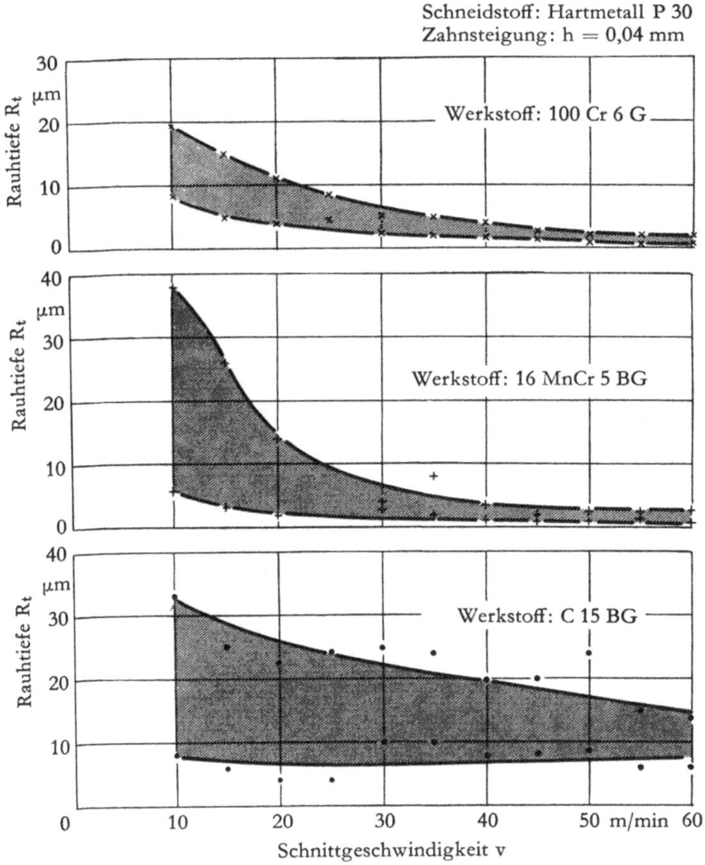

Abb. 20 Rauhtiefe R_t verschiedener Werkstoffe in Abhängigkeit von der Schnittgeschwindigkeit

Die Rauhtiefen der geräumten Werkstücke im normalisierten und grobkorngeglühten Zustand, wie sie die Abb. 21 zeigt, werden nach Erreichen eines Höchstwertes bei etwa 10 m/min mit steigender Schnittgeschwindigkeit bis 60 m/min nicht wesentlich kleiner.

Ein völlig abweichendes Verhalten zeigen die Werkstücke nach einem Vergüten und Weichglühen. Während bei niedrigen Schnittgeschwindigkeiten die Rauhtiefen der Werkstücke in den homogenen Gefügezuständen zum Teil erheblich über denen der Werkstücke in den ferritisch-perlitischen Gefügezuständen liegen, kann für höhere Schnittgeschwindigkeiten eine starke Verbesserung der Oberflächengüten festgestellt werden. Dieses Ergebnis ist für die Praxis deshalb von besonderem Wert, weil beim Räumen von weichgeglühten Werkstücken mit Rücksicht auf die Oberflächengüten bisher nur mit sehr niedrigen Schnittgeschwindigkeiten und damit mit hohem Zeitaufwand geräumt wird.

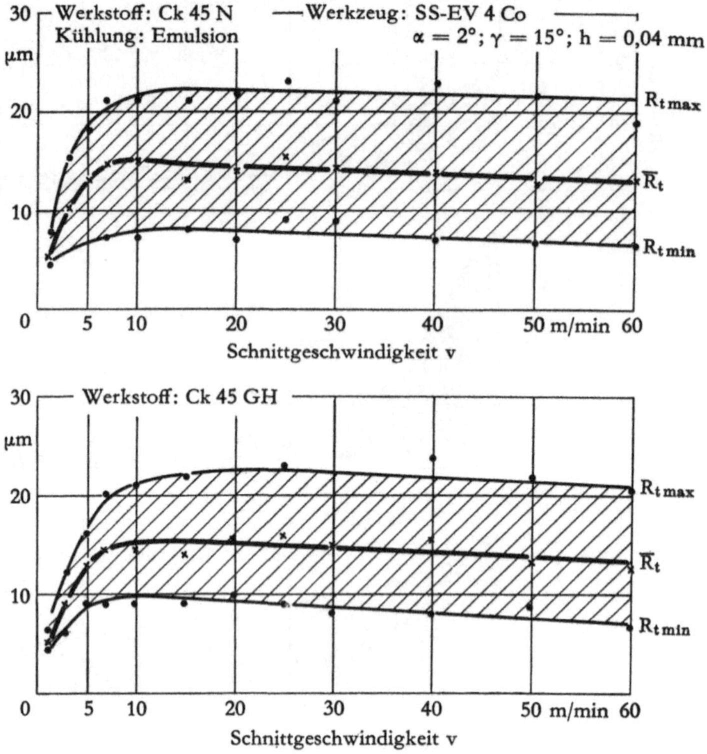

Abb. 21 Rauhtiefe R_t beim Räumen des Werkstoffes Ck 45 nach verschiedenen Wärmebehandlungen in Abhängigkeit von der Schnittgeschwindigkeit

Die Ursachen für den starken Abfall der Rauhtiefen beim Räumen von Werkstoffen im weichgeglühten und vergüteten Zustand sind noch nicht geklärt und bleiben Gegenstand zur Zeit noch laufender Untersuchungen. Offen bleibt ebenfalls die Frage nach dem Standzeitverhalten der Räumwerkzeuge in dem Schnittgeschwindigkeitsbereich zwischen 10 und 60 m/min. Hier sollen ebenfalls noch laufende Langzeituntersuchungen eine Klärung bringen.

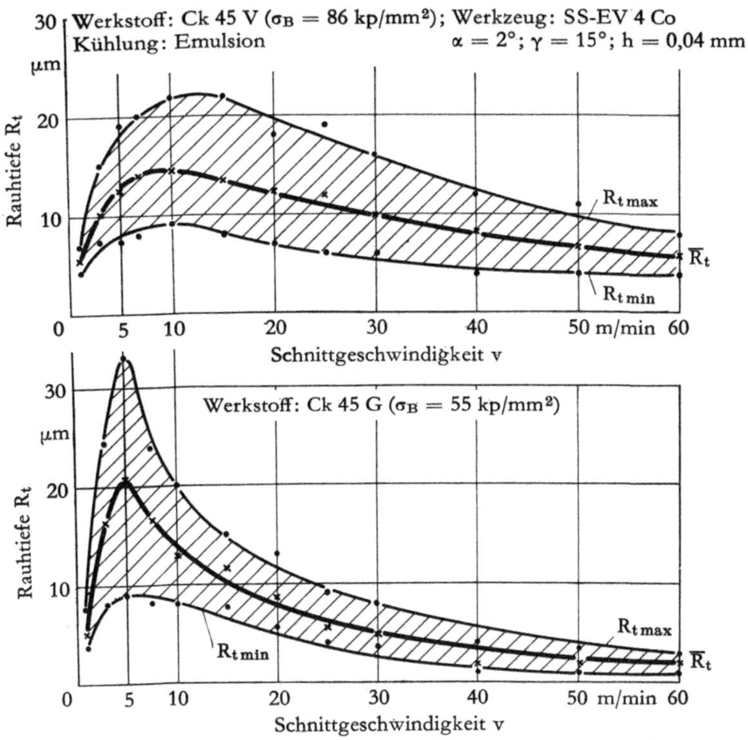

Abb. 22 Rauhtiefe R_t beim Räumen des Werkstoffes Ck 45 nach verschiedenen Wärmebehandlungen in Abhängigkeit von der Schnittgeschwindigkeit

5. Richtwerte für das Räumen verschiedener Bau-, Einsatz-, Vergütungs- und hochlegierter Stähle

Die in den vorangegangenen Kapiteln beschriebenen Versuche an zwei verschiedenen Stählen mit unterschiedlicher Wärmebehandlung haben gezeigt, daß sich keine allgemeine, für alle Werkstoffe gültige Wärmebehandlung angeben läßt, die mit Sicherheit zu günstigen Oberflächengüten beim Räumen führt. Baumgartl [7] konnte ebenfalls zeigen, daß z. B. bei dem Einsatzstahl 20 Mo Cr 4 eine Wärmebehandlung kaum einen Einfluß auf die erreichbaren Oberflächengüten hat. Es wird demnach für jeden Fall notwendig sein, durch Versuche zu klären, welche Wärmebehandlung für einen bestimmten Werkstoff räumtechnisch am günstigsten ist.

Um hier kostspielige Versuchsarbeiten in der Praxis auf ein Mindestmaß zu beschränken, sind im Anhang des vorliegenden Forschungsberichtes die Ergebnisse von Räumuntersuchungen der letzten Jahre an mehreren Bau-, Einsatz- und Vergütungsstählen und ebenfalls an hochlegierten Stählen in Form von Richtwertblättern zusammenfassend aufgeführt. Die Richtwertblätter enthalten zum Teil die Ergebnisse von Untersuchungen, die im Auftrag der Fa. Oswald Forst GmbH, Solingen, am Laboratorium für Werkzeugmaschinen und Betriebslehre, Technische Hochschule Aachen, durchgeführt wurden. Der Firma Oswald Forst sei für die Bereitstellung der Versuchsergebnisse an dieser Stelle gedankt. Die Rauhtiefen wurden auch hier wiederum als Streubereiche angegeben, wobei die oberen Kurvenzüge die höchsten und die unteren die niedrigsten gemessenen Rauhtiefenwerte angeben. Der arithmetische Mittelwert wird mit $\overline{R}_t$ bezeichnet. Neben der Ermittlung der Oberflächenrauheiten in Abhängigkeit von der Schnittgeschwindigkeit v und der Zahnsteigung h wurden die beim Räumen der einzelnen Werkstoffe auftretenden Schnittkräfte gemessen und in der Form P/b (P_H = Hauptschnittkraft; P_R = Rückkraft; b = Spanungsbreite) in Abhängigkeit von den Schnittbedingungen dargestellt. In einzelnen Fällen sind die Untersuchungen sowohl mit Emulsion als auch mit Schneidöl durchgeführt worden.

Die Versuche wurden fortgeführt und auch auf Gußeisenwerkstoffe ausgedehnt. Über die Ergebnisse wird zu einem späteren Zeitpunkt berichtet.

6. Zusammenfassung

Der vorliegende Forschungsbericht befaßt sich mit Untersuchungen beim Außenräumen verschiedener Werkstoffe, die teilweise in mehreren Wärmebehandlungszuständen vorliegen. Die Versuche haben zum Ziel, für die beim Räumen gebräuchlichen Werkstoffe durch geeignete Wärmebehandlung Gefügezustände zu ermitteln, die zu optimalen Oberflächengüten führen.

Die bisherigen Ergebnisse lassen für unlegierte Stähle die Tendenz erkennen, daß mit steigendem Kohlenstoffgehalt bzw. steigendem Perlitanteil bei gleichmäßiger Ferritverteilung die Oberflächengüten der geräumten Werkstücke zunehmen.

Der Einfluß einer Wärmebehandlung auf die Oberflächengüte geräumter Werkstücke ist bei Schnittgeschwindigkeiten unter 3 m/min unwesentlich. Man kann daher im Hinblick auf die zu erzielende Oberflächengüte ein Wärmebehandlungsverfahren mit dem geringsten Energie- und Arbeitsaufwand wählen; das wird in den meisten Fällen ein Normalisierungsvorgang sein.

Für Schnittgeschwindigkeiten über 3 m/min ließ sich keine allgemeine, für alle Werkstoffe gültige Wärmebehandlung angeben, die in jedem Falle optimale Oberflächengüten ergibt.

Für den Einsatzstahl C 15 ist ein Vergüten auf Festigkeiten um 90 bis 100 kp/mm^2 als zweckmäßigste Wärmebehandlung zur Erzielung hoher Oberflächengüten anzusehen.

Für den Vergütungsstahl Ck 45 ergaben sich die geringsten Rauheiten für die ferritisch-perlitischen Gefügezustände, unabhängig von der vorangegangenen Wärmebehandlung.

Weitere Versuche zeigen, daß bei Schnittgeschwindigkeiten über dem heute noch beim Räumen angewendeten Bereich je nach Werkstoff zum Teil erhebliche Verbesserungen der Oberflächengüten erzielt werden können. Das gilt besonders für Werkstoffe in homogenen Gefügezuständen, die beim Räumen mit niedrigen Geschwindigkeiten Schwierigkeiten bereiten. Die Auswirkung dieser erhöhten Schnittgeschwindigkeiten auf das Standzeitverhalten der Räumwerkzeuge soll Ziel der weiteren Versuche sein.

Prof. Dr.-Ing. Dr. h. c. Herwart Opitz
Dr.-Ing. Wilfried König
Dipl.-Ing. Manfred Schütte

7. Literaturverzeichnis

[1] FRÖHLICH, K. H., Zerspanbarkeit und Gefüge. Dissertation, TH Aachen (1955).

[2] WEVER, F., H. W. WIESTER, W. STRASSBURG, H. OPITZ und K. H. FRÖHLICH, Einfluß der Wärmebehandlung auf die Zerspanbarkeit von Einsatz- und Vergütungsstählen. Archiv für das Eisenhüttenwesen 27 (1956), H. 6.

[3] DJATSCHENKO, Dr. P., Die Beschaffenheit der Oberfläche bei der Zerspanung von Metallen. VEB-Verlag Technik, Berlin 1952.

[4] LEYENSETTER, W., Zerspanungsuntersuchungen beim Innenräumen. Zeitschrift Auto-Markt, Fachausgabe Automobil-Industrie, Heft 42 F, Oktober 1956, S. 76.

[5] OPITZ, H., H. ROHDE und W. KÖNIG, Untersuchungen des Räumvorganges. Forschungsbericht Nr. 928 des Landes Nordrhein-Westfalen (1961).

[6] FORST, O., GmbH, Forst Taschenbuch. Erschienen im Eigenverlag (1962).

[7] BAUMGARTL, E., H. KOCK und K. HAMMER, Untersuchungen zur optimalen Wärmebehandlung für die Zerspanung mit niedrigen Schnittgeschwindigkeiten. Härterei-Techn. Mittlg. 16 (1961), H. 3.

[8] SCHWERD, F., Forschung und Forschungsergebnisse zur Schnitt-Theorie und Bearbeitbarkeit. Z. VDI 76 (1932), S. 1257.

[9] SCHWERD, F., Filmaufnahmen des ablaufenden Spanes bei üblichen und bei sehr hohen Schnittgeschwindigkeiten. Z. VDI 80 (1936), S. 233.

[10] GRAF, U., und H. J. HENNING, Formeln und Tabellen der mathematischen Statistik. Springer Verlag, Berlin–Göttingen–Heidelberg 1958.

[11] PETER, W., und H. FINKLER, Betrachtungen über Möglichkeiten zur Erzielung eines zeilenfreien Gefüges. Härterei-Techn. Mittlg. 16 (1961), H. 3, S. 137.

[12] SCHATZ, A., Außenräumen mit hohen Schnittgeschwindigkeiten und waagerechten Außenräummaschinen. Werkstatt und Betrieb 88 (1955), H. 2, S. 99.

8. Anhang

Rauhtiefen und Schnittkräfte beim Räumen verschiedener Werkstoffe in Abhängigkeit von den Schnittbedingungen

Werkstoff
Normbezeichnung C 15 BG
Festigkeit σ_B = 46,5 kp/mm²

Werkzeug				
Werkzeugstoff SS-DMo 5				
Zähnezahl 7				
Schneidengeometr.	α	γ	λ	t
	2°	15°	0°	12 mm

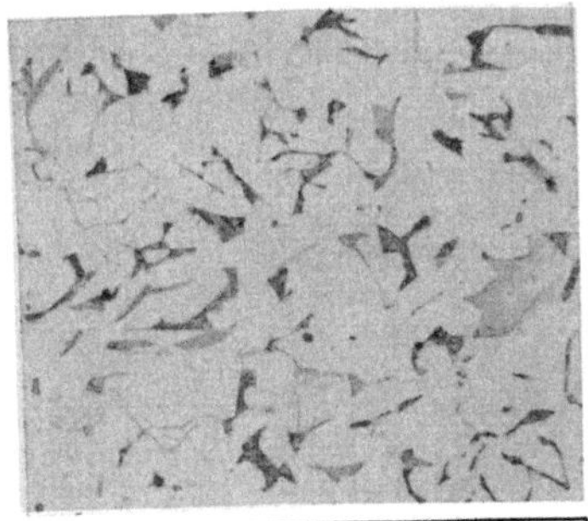

× 200

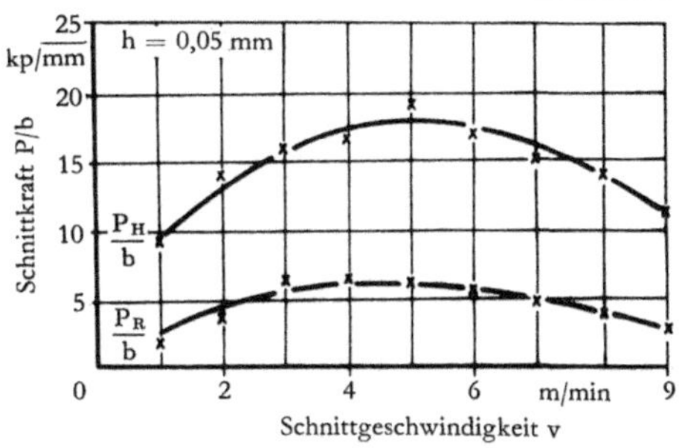

Bemerkungen: Emulsion 1 : 5
45 min 900° C/Luft

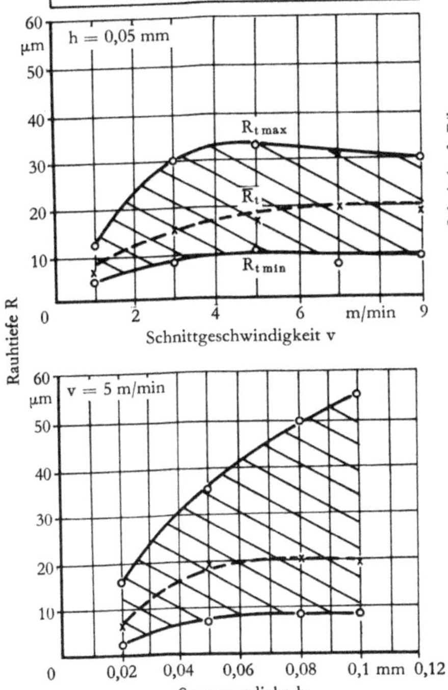

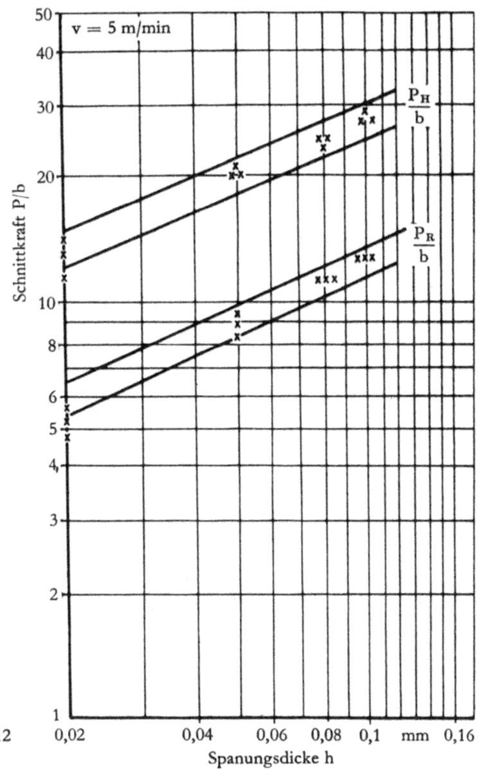

Diagramme für das Räumen: Schnittkraft und Rauheit

Werkstoff
Normbezeichnung C 15 BG
Festigkeit σ_B = 38 kp/mm²

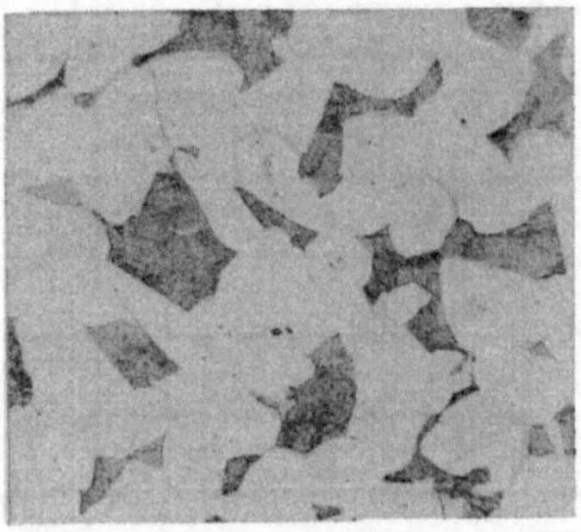

× 200

Werkzeug				
Werkzeugstoff SS-DMo 5				
Zähnezahl 7				
Schneidengeometr.	α	γ	λ	t
	2°	15°	0°	12 mm

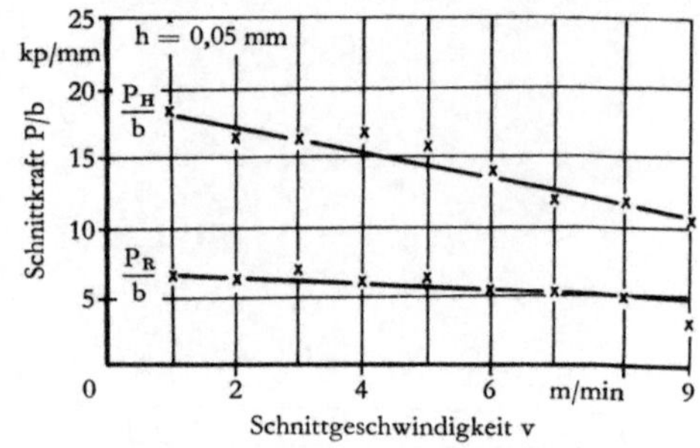

Bemerkungen: Emulsion 1 : 5
1 h 1000° C/Ofen

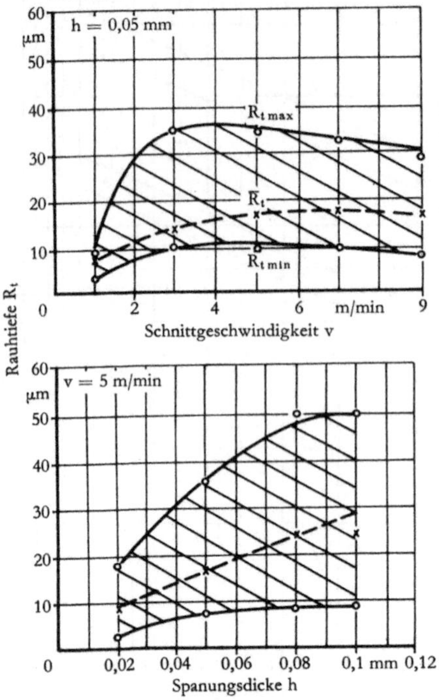

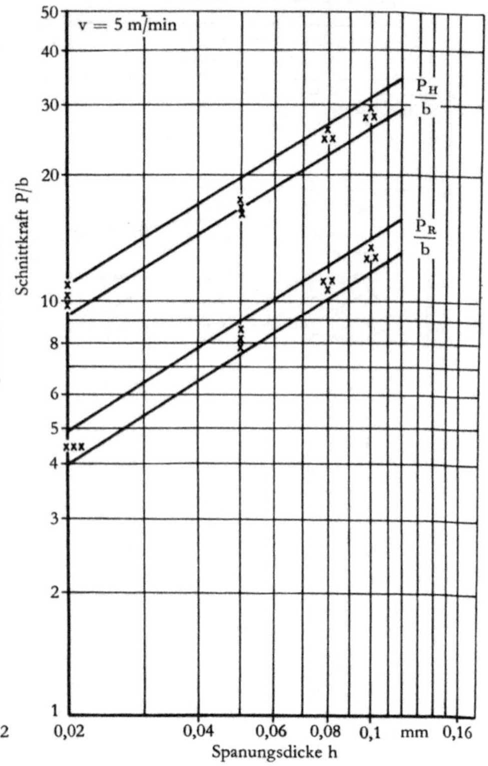

Diagramme für das Räumen: Schnittkraft und Rauheit

Werkstoff
Normbezeichnung C 15 BF
Festigkeit σ_B = 72 kp/mm²

Werkzeug				
Werkzeugstoff SS-DMo 5				
Zähnezahl 7				
Schneidengeometr.	α	γ	λ	t
	2°	15°	0°	12 mm

× 200

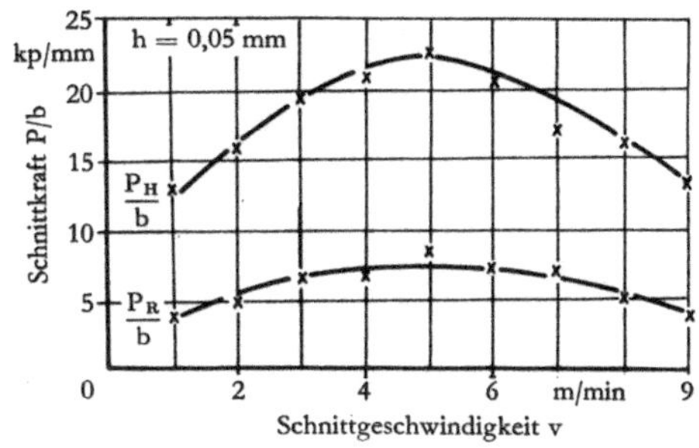

Bemerkungen: Emulsion 1 : 5
1 h 1000° C/Wasser → 2 h 500° C/Luft

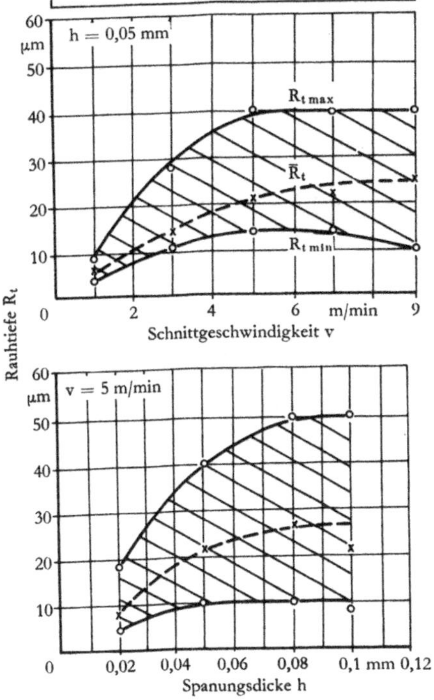

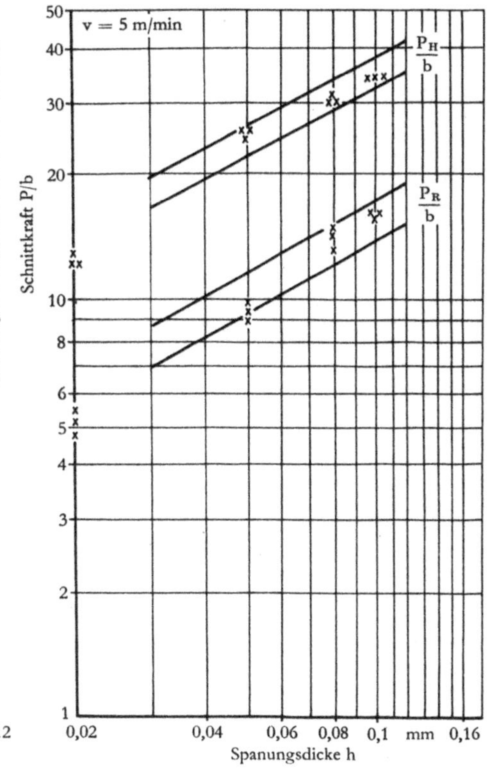

Diagramme für das Räumen: Schnittkraft und Rauheit

Werkstoff
Normbezeichnung C 15 BF
Festigkeit σ_B = 108 kp/mm²

× 500

Werkzeug				
Werkzeugstoff SS-DMo 5				
Zähnezahl 7				
Schneidengeometr.	α	γ	λ	t
	2°	15°	0°	12 mm

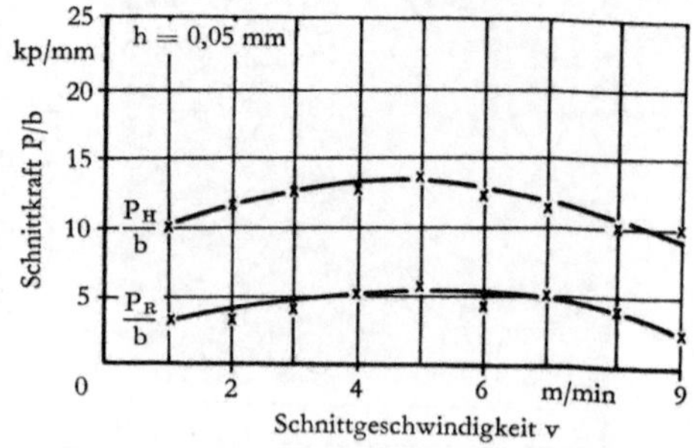

Bemerkungen: Emulsion 1 : 5
1 h 1000° C/Wasser → 2 h 250° C/Luft

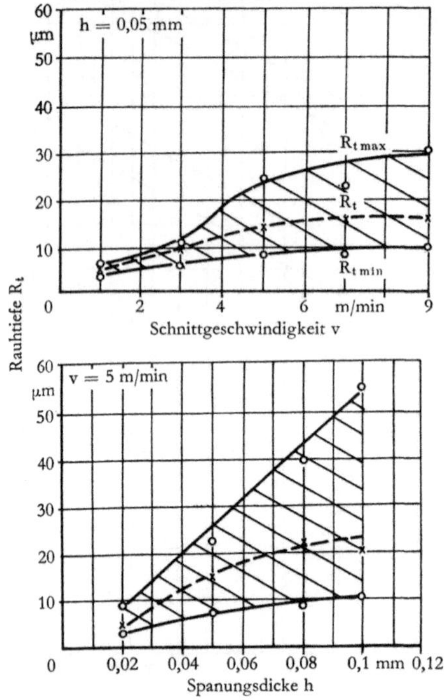

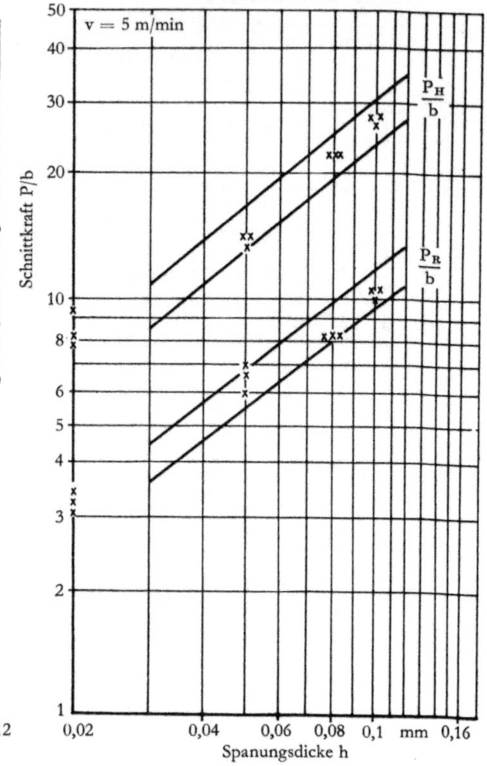

Diagramme für das Räumen: Schnittkraft und Rauheit

Werkstoff
Normbezeichnung C 15 BF
Festigkeit $\sigma_B =$ 61 kp/mm²

× 500

Bemerkungen: Emulsion 1 : 5
45 min 900° C/Wasser → 2 h 600° C/Luft

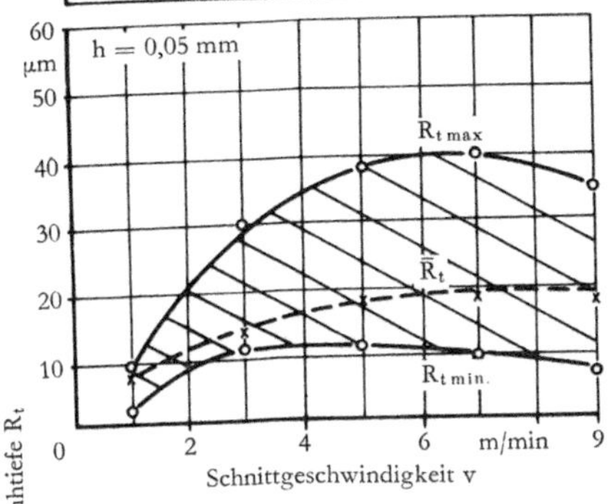

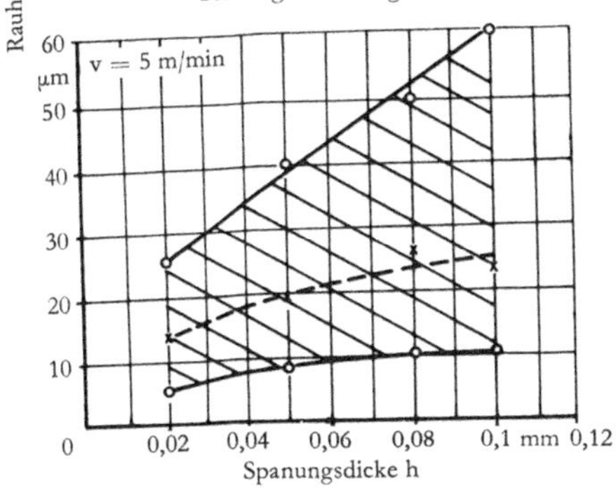

Werkzeug				
Werkzeugstoff SS-DMo 5				
Zähnezahl 7				
Schneidengeometr.	α	γ	λ	t
	2°	15°	0°	12 mm

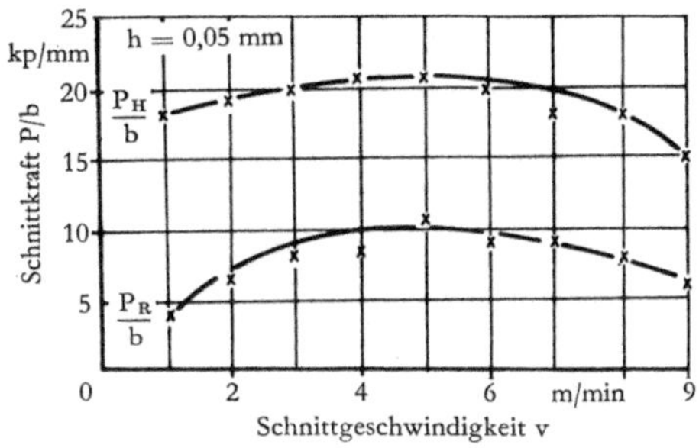

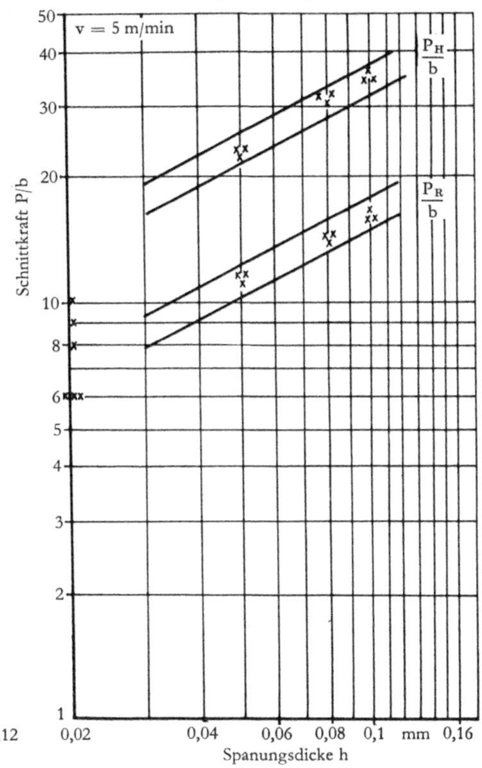

Diagramme für das Räumen: Schnittkraft und Rauheit

Werkstoff
Normbezeichnung C 15 BF
Festigkeit $\sigma_B = 79{,}5$ kp/mm²

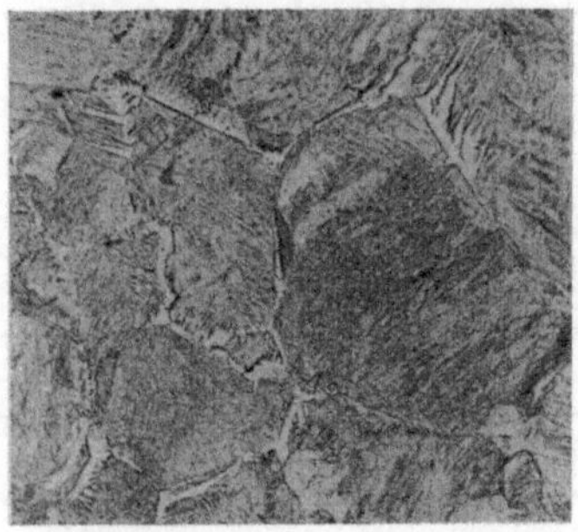

× 200

Werkzeug				
Werkzeugstoff SS-DMo 5				
Zähnezahl 7				
Schneidengeometr.	α	γ	λ	t
	2°	15°	0°	12 mm

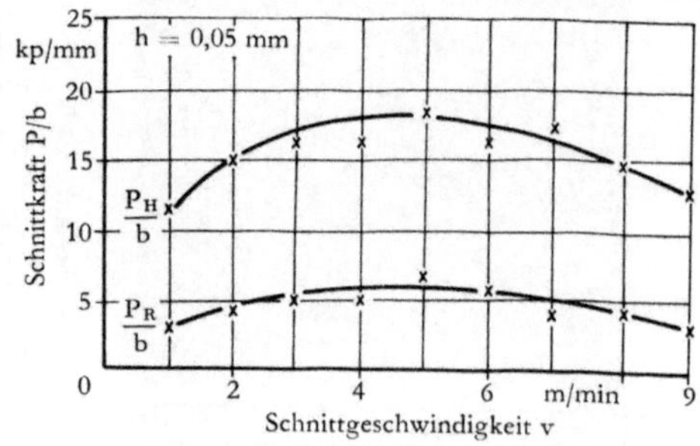

Bemerkungen: Emulsion 1 : 5
45 min 900° C/Wasser → 2 h 300° C/Luft

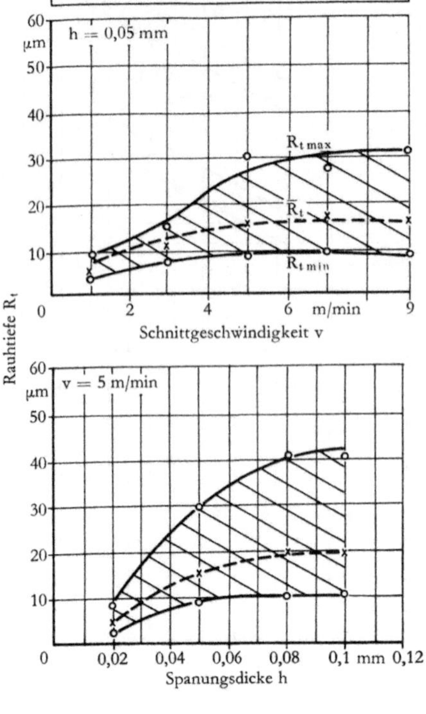

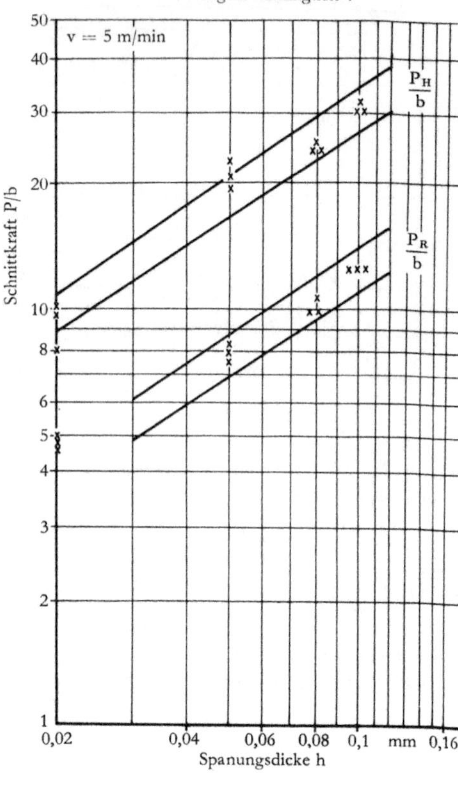

Diagramme für das Räumen: Schnittkraft und Rauheit

Werkstoff
Normbezeichnung Ck 45 N
Festigkeit σ_B = 70 kp/mm²

Bemerkungen: Emulsion 1 : 5
½ h 850°C/Luft

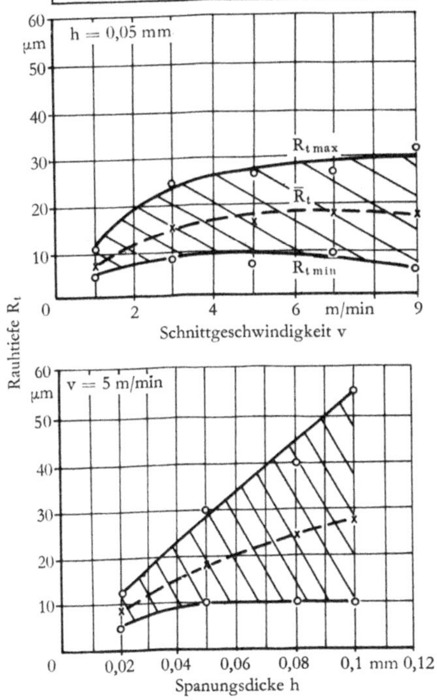

Werkzeug				
Werkzeugstoff SS-DMo 5				
Zähnezahl 7				
Schneidengeometr.	α	γ	λ	t
	2°	15°	0°	12 mm

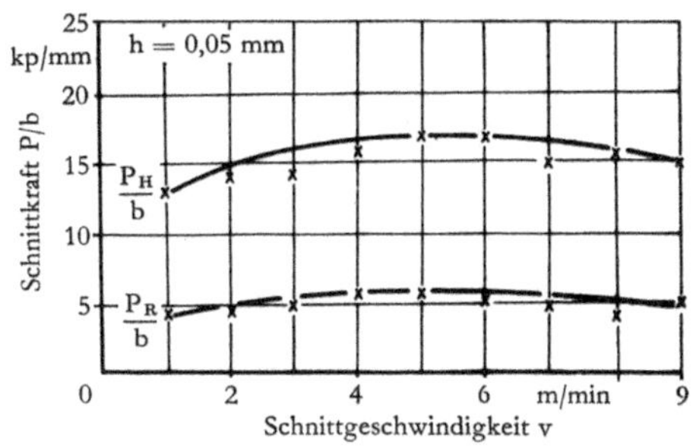

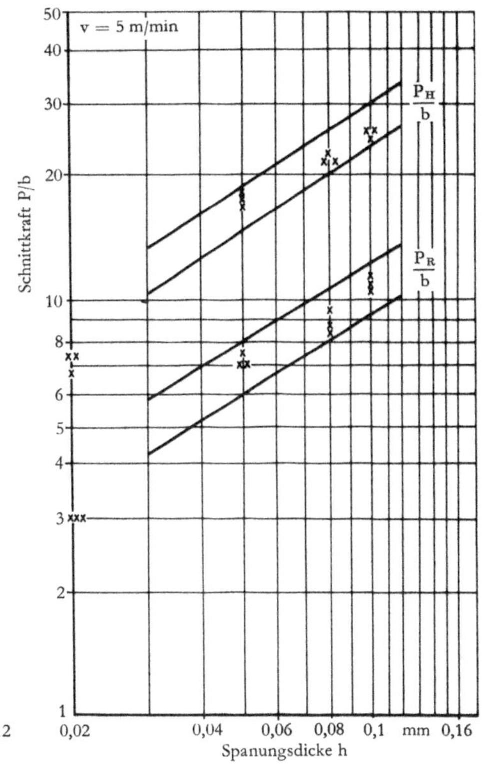

Diagramme für das Räumen: Schnittkraft und Rauheit

Werkstoff	
Normbezeichnung	Ck 45 GH
Festigkeit σ_B =	73 kp/mm²

× 200

Werkzeug				
Werkzeugstoff SS-DMo 5				
Zähnezahl 7				
Schneidengeometr.	α	γ	λ	t
	2°	15°	0°	12 mm

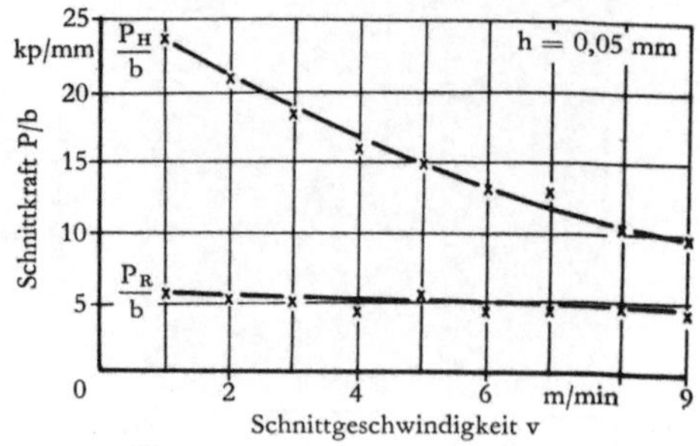

Bemerkungen:	Emulsion 1 : 5
	2½ h 1050° C/Luft

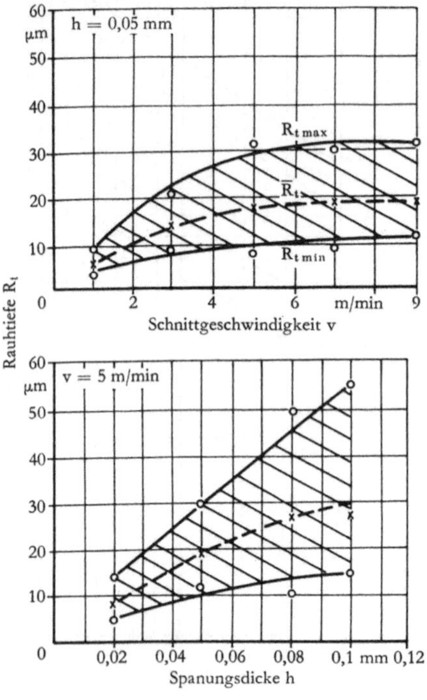

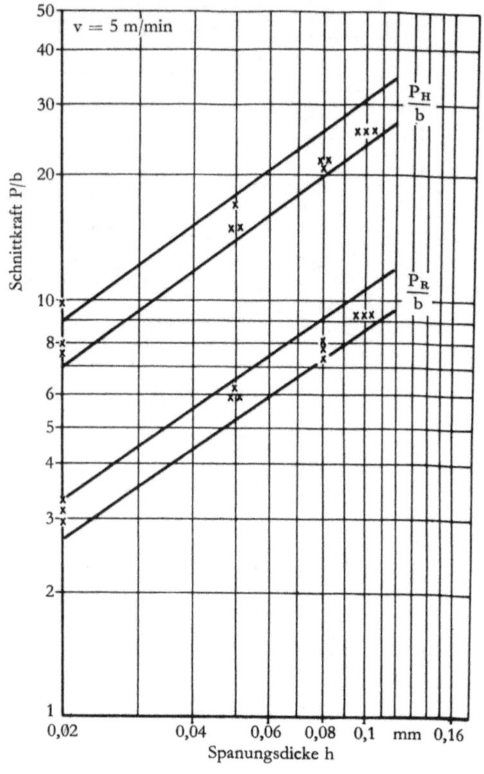

Diagramme für das Räumen: Schnittkraft und Rauheit

Werkstoff
Normbezeichnung Ck 45 GH
Festigkeit σ_B = 62 kp/mm²

Werkzeug				
Werkzeugstoff SS-DMo 5				
Zähnezahl 7				
Schneidengeometr.	α	γ	λ	t
	2°	15°	0°	12 mm

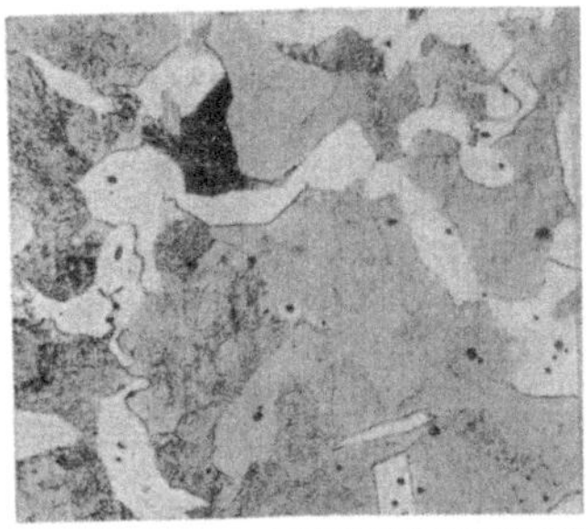

× 200

Bemerkungen: Emulsion 1 : 5
2½ h 1050°C/Ofen

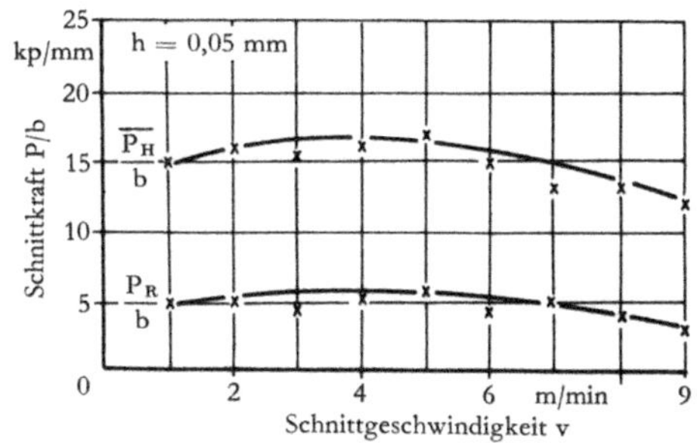

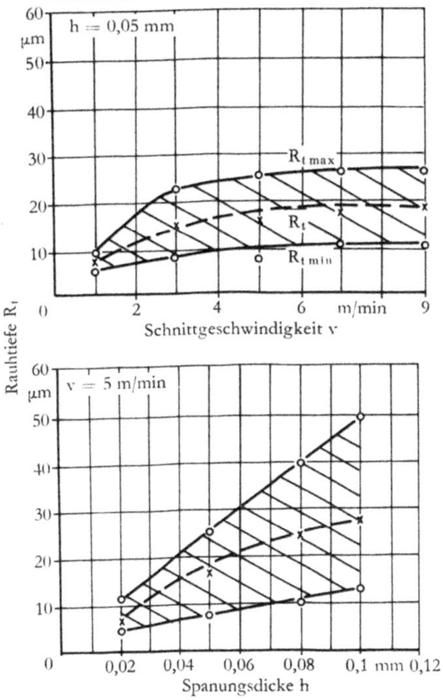

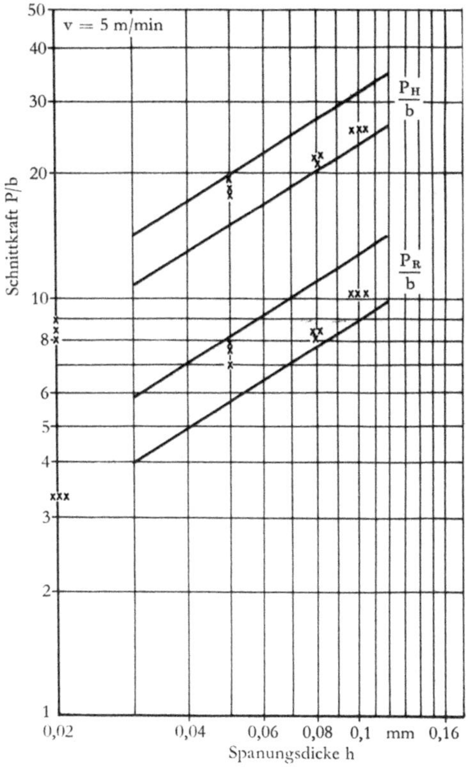

Diagramme für das Räumen: Schnittkraft und Rauheit

Werkstoff
Normbezeichnung Ck 45 V
Festigkeit σ_B = 79 kp/mm²

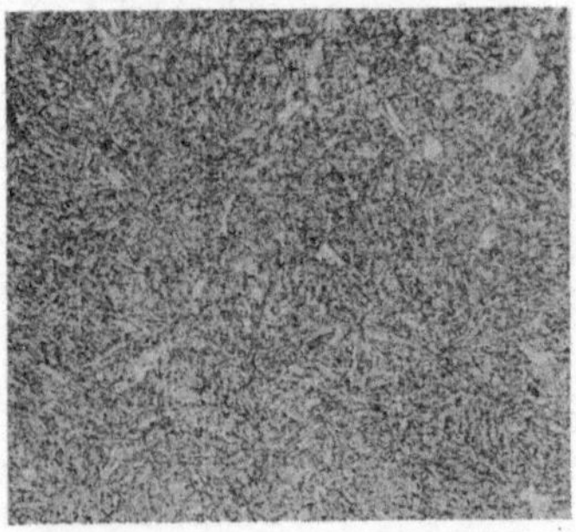

× 500

Bemerkungen: Emulsion 1 : 5
840° C/Wasser → 2 h 600° C/Luft

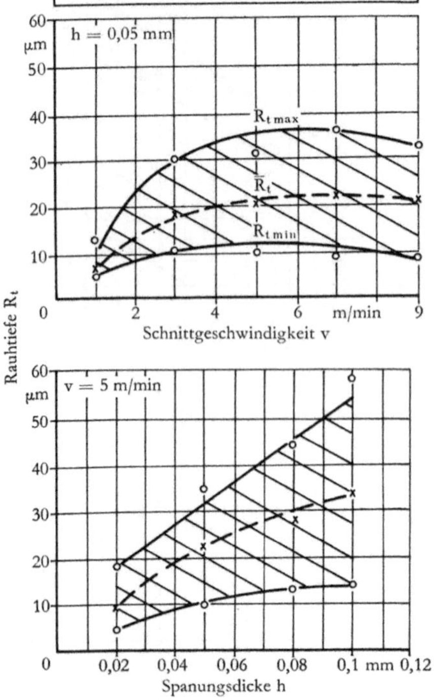

Werkzeug				
Werkzeugstoff SS-DMo 5				
Zähnezahl 7				
Schneidengeometr.	α	γ	λ	t
	2°	15°	0°	12 mm

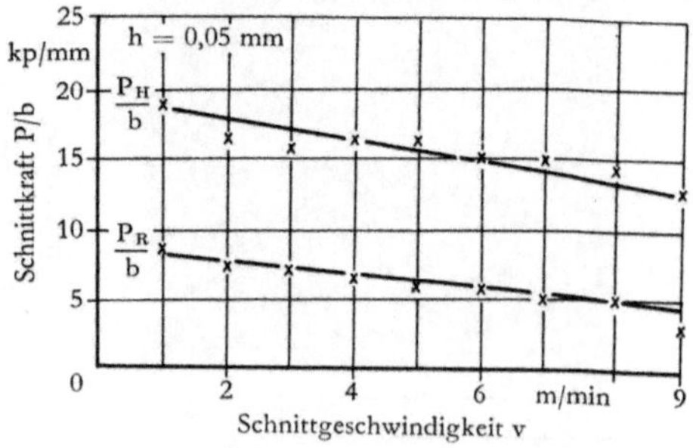

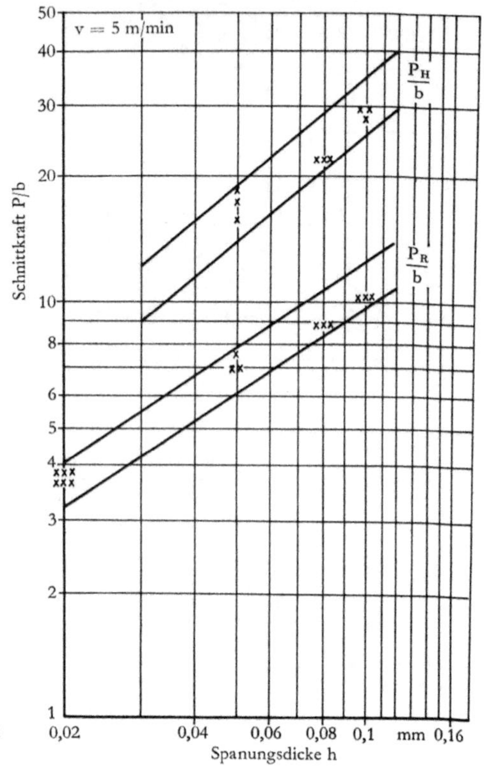

Diagramme für das Räumen: Schnittkraft und Rauheit

Werkstoff
Normbezeichnung Ck 45 G
Festigkeit σ_B = 55 kp/mm²

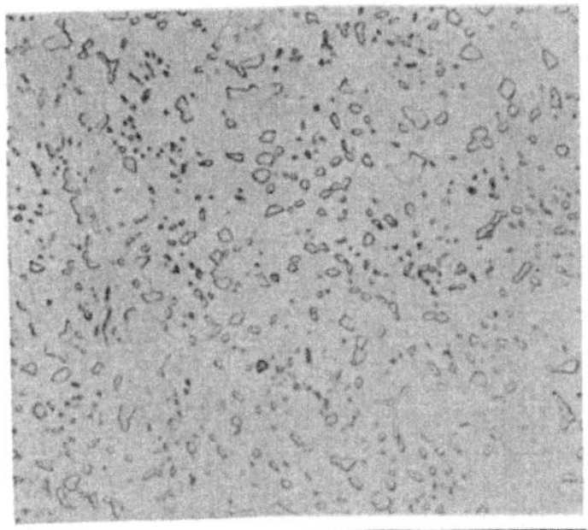

× 1000

Bemerkungen: Emulsion 1 : 5
72 h 710°C/Ofen

Werkzeug				
Werkzeugstoff SS-DMo 5				
Zähnezahl 7				
Schneidengeometr.	α	γ	λ	t
	2°	15°	0°	12 mm

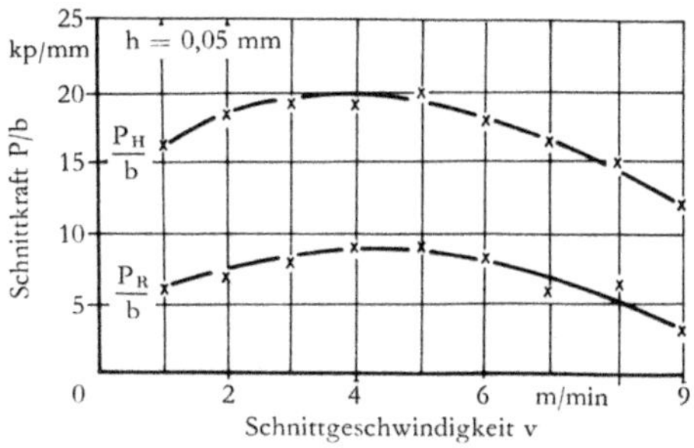

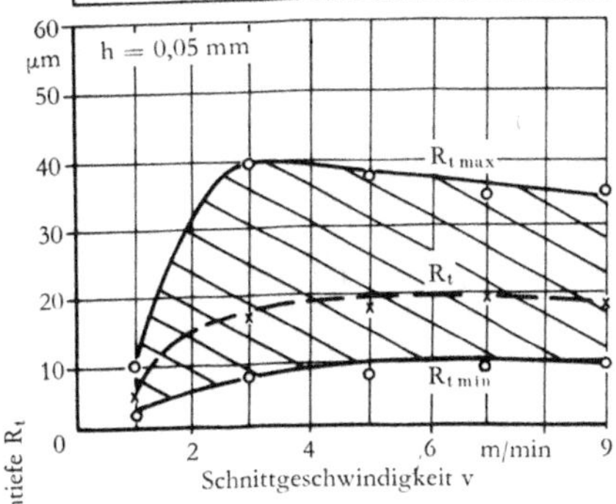

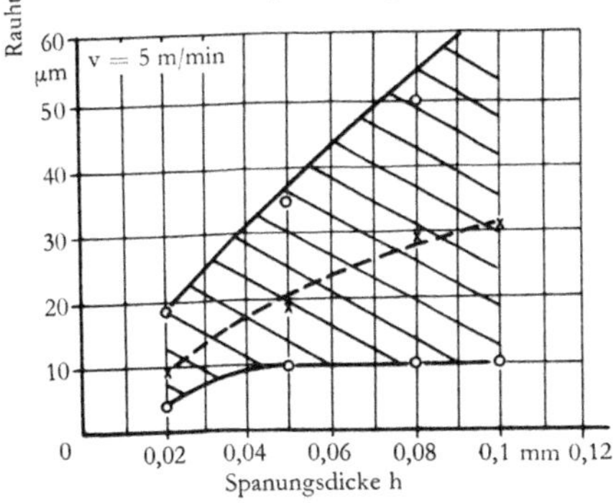

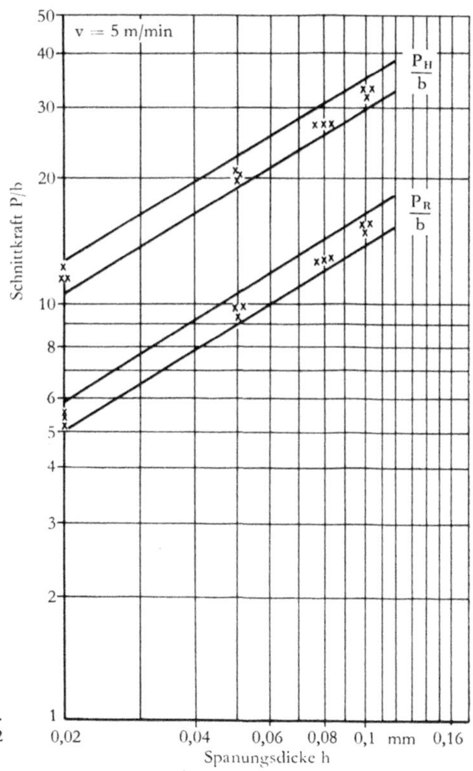

Diagramme für das Räumen: Schnittkraft und Rauheit

Werkstoff
Normbezeichnung C 15
Festigkeit σ_B = 46 kp/mm²

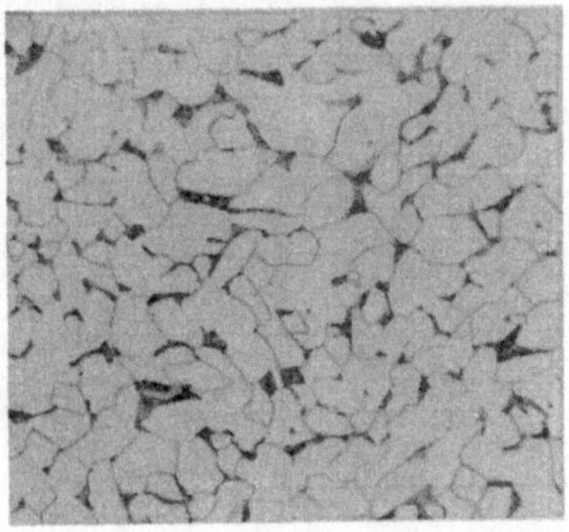

× 200

Werkzeug				
Werkzeugstoff SS-DMo 5				
Zähnezahl 7				
Schneidengeometr.	α	γ	λ	t
	2°	15°	0°	12 mm

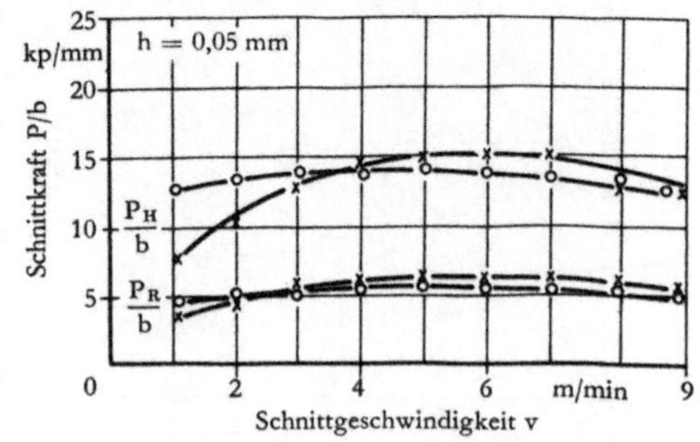

Bemerkungen: //// Emulsion 1 : 5 ×××
\\\\ Schneidöl ○○○

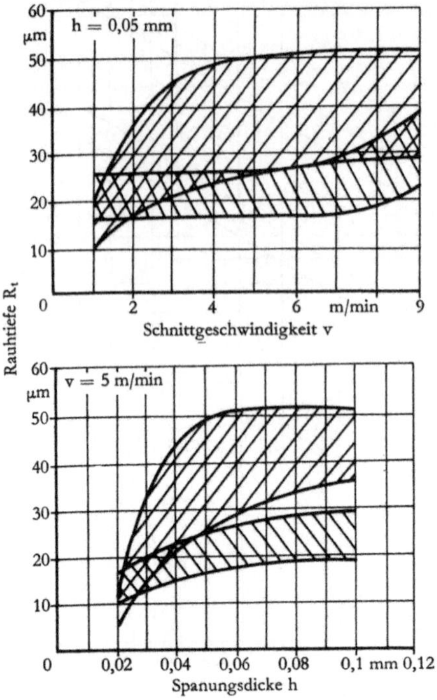

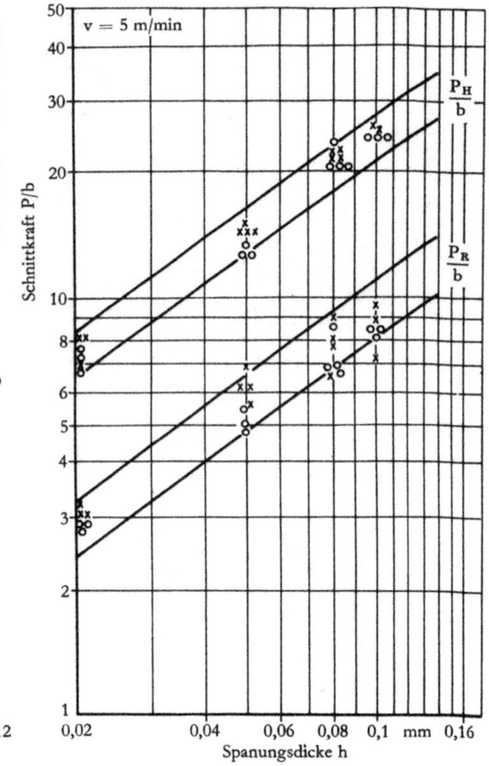

Diagramme für das Räumen: Schnittkraft und Rauheit

Werkstoff
Normbezeichnung 10 CrNiTi 18 9
Festigkeit σ_B = 57 kp/mm²

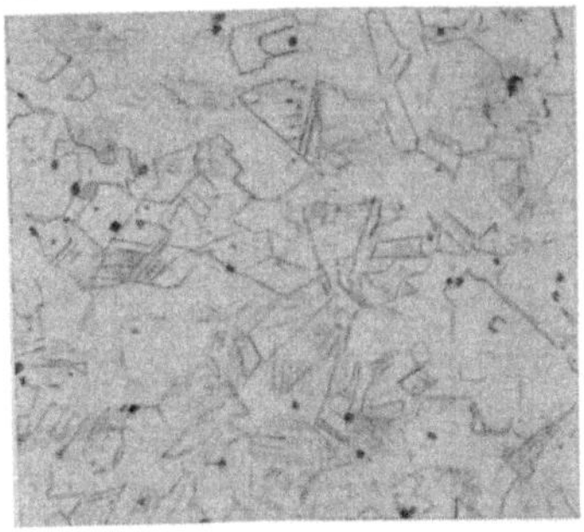

× 200

Werkzeug				
Werkzeugstoff SS-DMo 5				
Zähnezahl 7				
Schneidengeometr.	α	γ	λ	t
	2°	15°	0°	12 mm

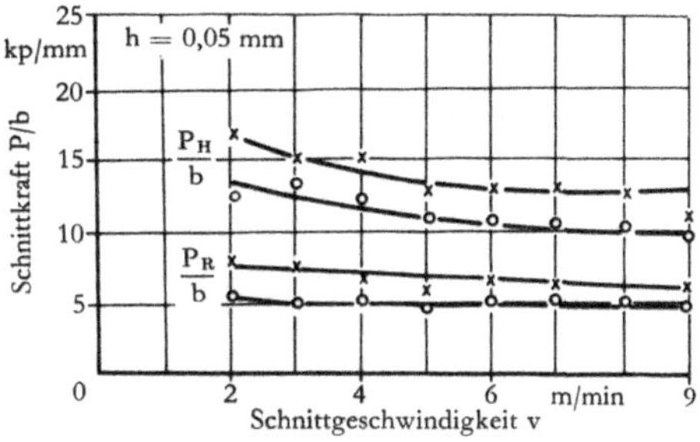

Bemerkungen: //// Emulsion 1 : 5 x x x
\\\\ Schneidöl o o o

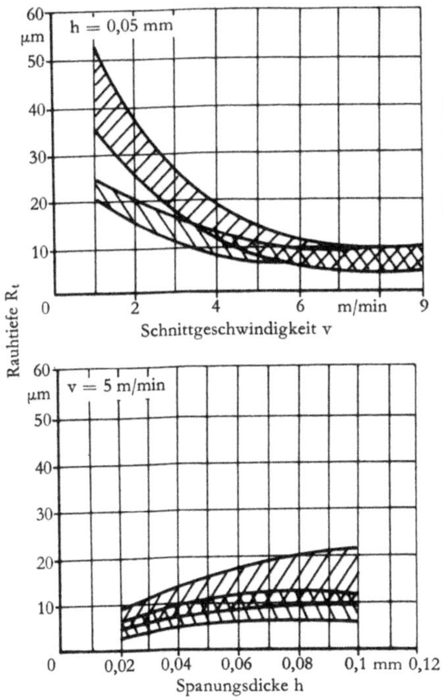

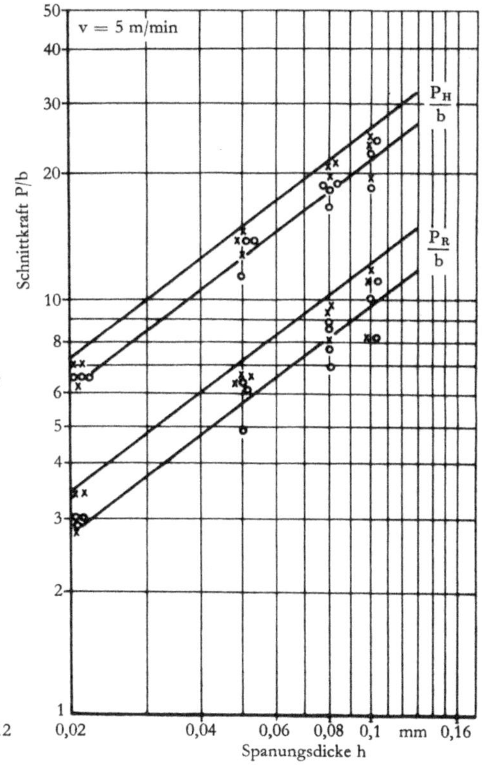

Diagramme für das Räumen: Schnittkraft und Rauheit

Werkstoff
Normbezeichnung C 35
Festigkeit σ_B = 64 kp/mm²

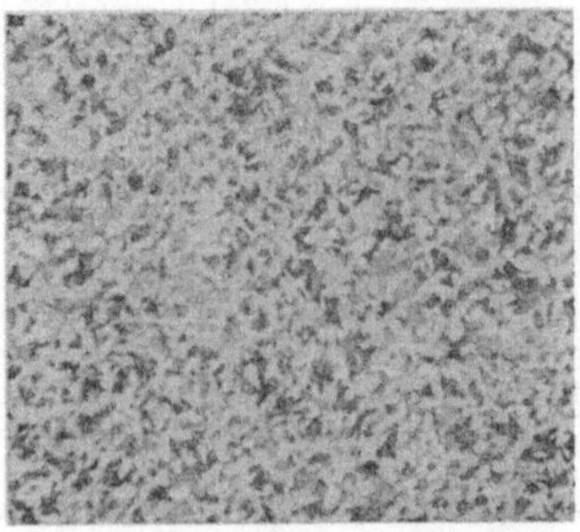

× 200

Werkzeug				
Werkzeugstoff SS-DMo 5				
Zähnezahl 7				
Schneidengeometr.	α	γ	λ	t
	2°	15°	0°	12 mm

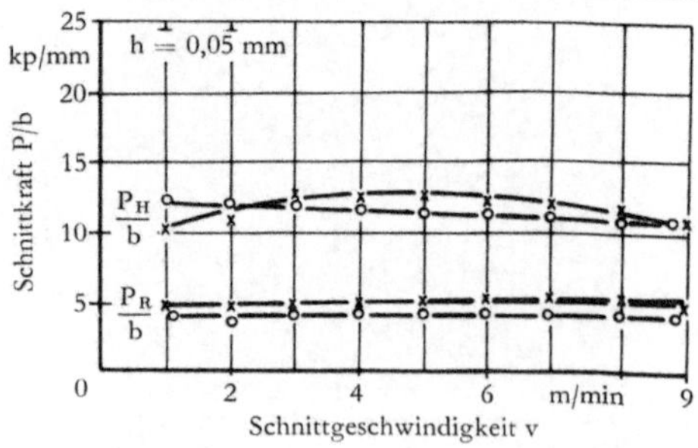

Bemerkungen: //// Emulsion 1 : 5 x x x
\\\\ Schneidöl o o o

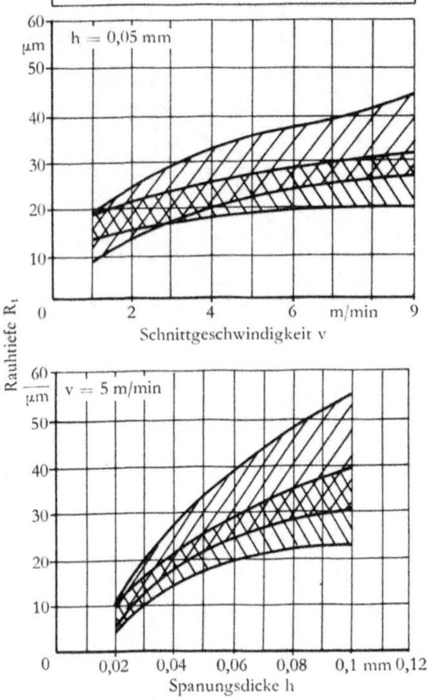

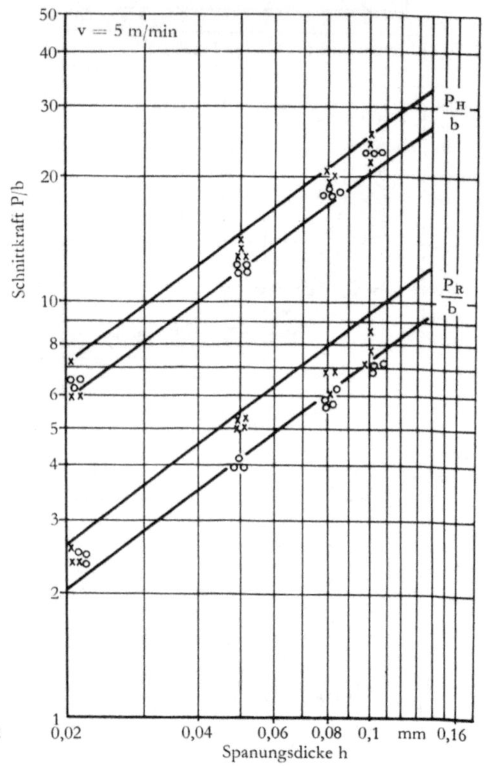

Diagramme für das Räumen: Schnittkraft und Rauheit

Werkstoff	
Normbezeichnung	St. 50.11
Festigkeit $\sigma_B =$	66 kp/mm²

Werkzeug					
Werkzeugstoff SS-DMo 5					
Zähnezahl 7					
Schneidengeometr.	α	γ	λ	t	
	2°	15°	0°	12 mm	

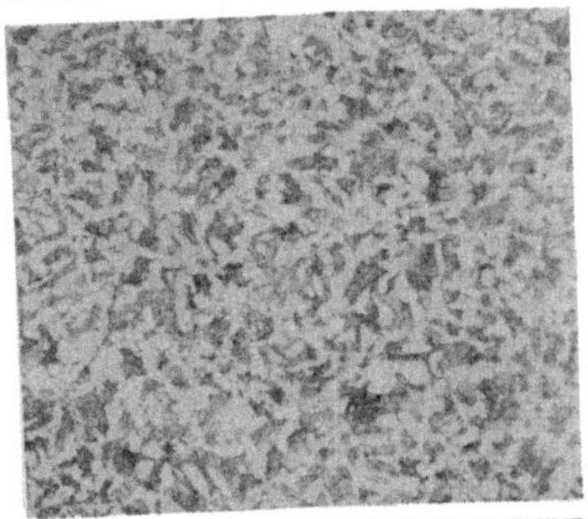

× 200

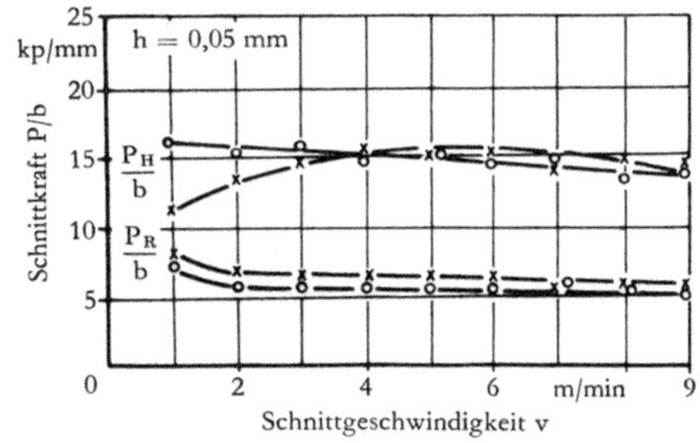

Bemerkungen: //// Emulsion 1 : 5 ×××
\\\\ Schneidöl ○○○

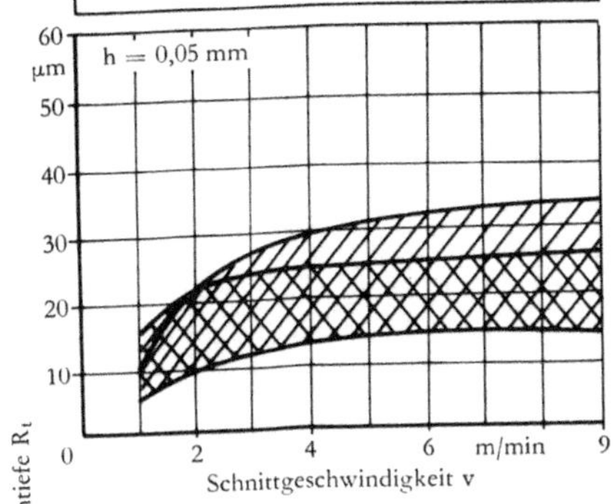

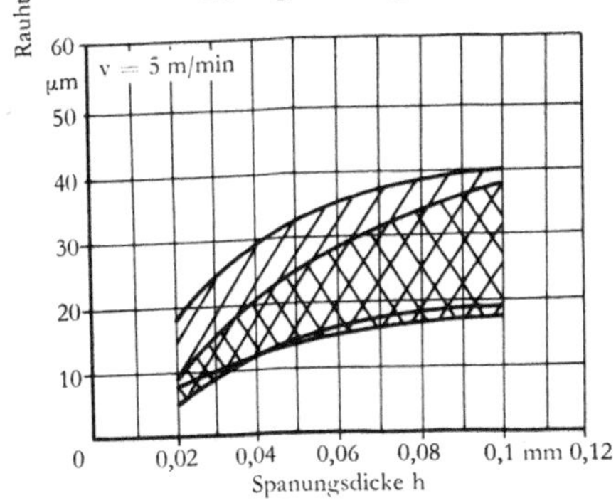

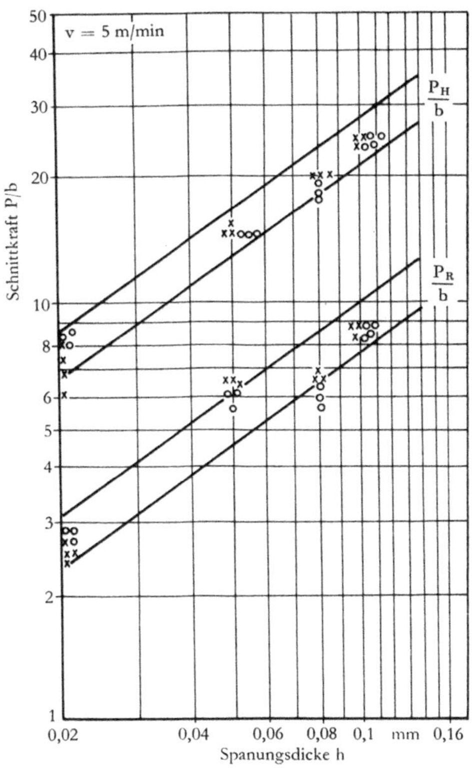

Diagramme für das Räumen: Schnittkraft und Rauheit

Werkstoff
Normbezeichnung 42 CrMo 4
Festigkeit $\sigma_B =$ 68 kp/mm²

× 200

Werkzeug				
Werkzeugstoff SS-DMo 5				
Zähnezahl 7				
Schneidengeometr.	α	γ	λ	t
	2°	15°	0°	12 mm

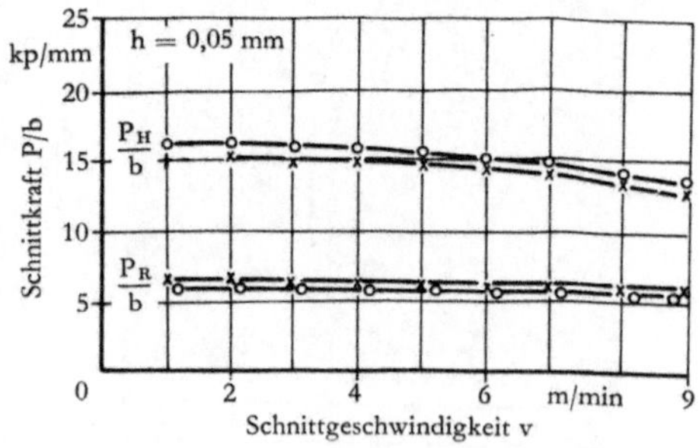

Bemerkungen: //// Emulsion 1 : 5 ×××
\\\\ Schneidöl ○○○

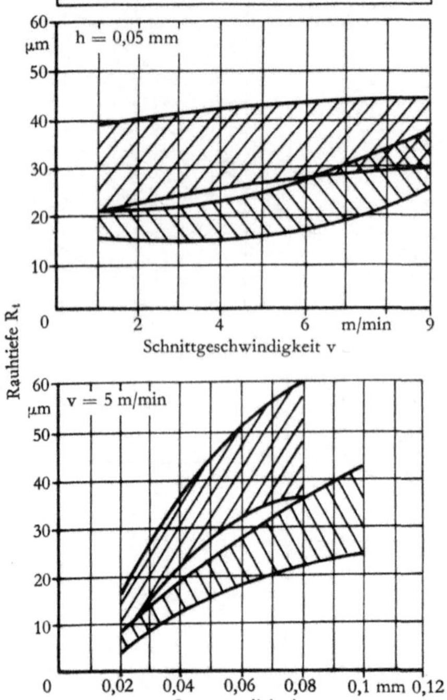

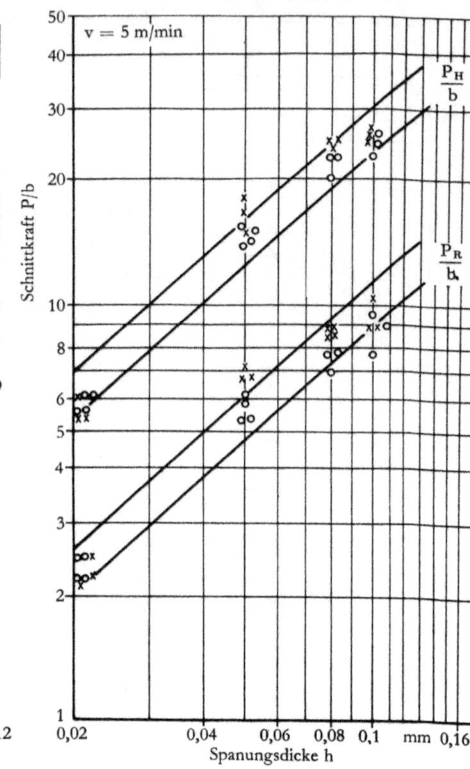

Diagramme für das Räumen: Schnittkraft und Rauheit

Werkstoff
Normbezeichnung 100 Cr 6
Festigkeit σ_B = 71 kp/mm²

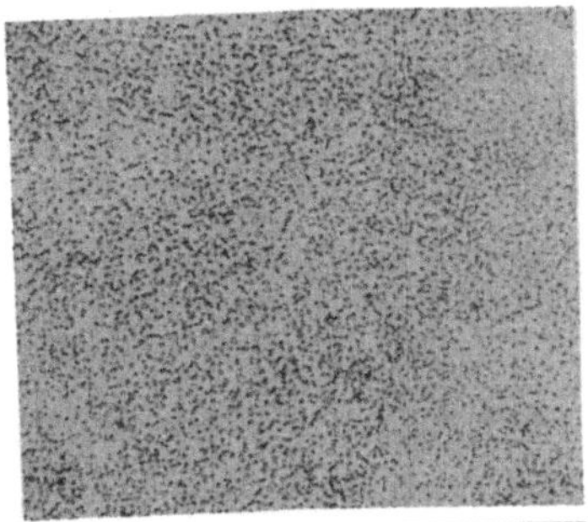

× 1000

Bemerkungen: //// Emulsion 1 : 5 x x x
\\\\ Schneidöl o o o

Werkzeug				
Werkzeugstoff SS-DMo 5				
Zähnezahl 7				
Schneidengeometr.	α	γ	λ	t
	2°	15°	0°	12 mm

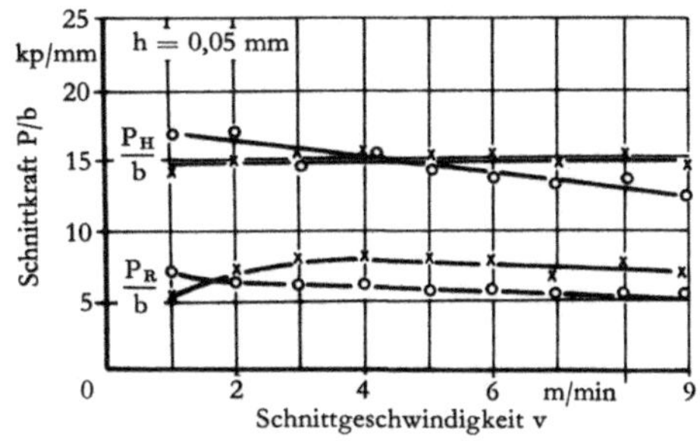

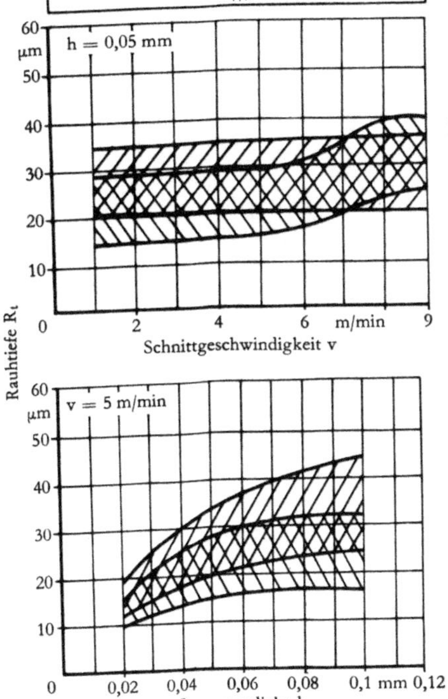

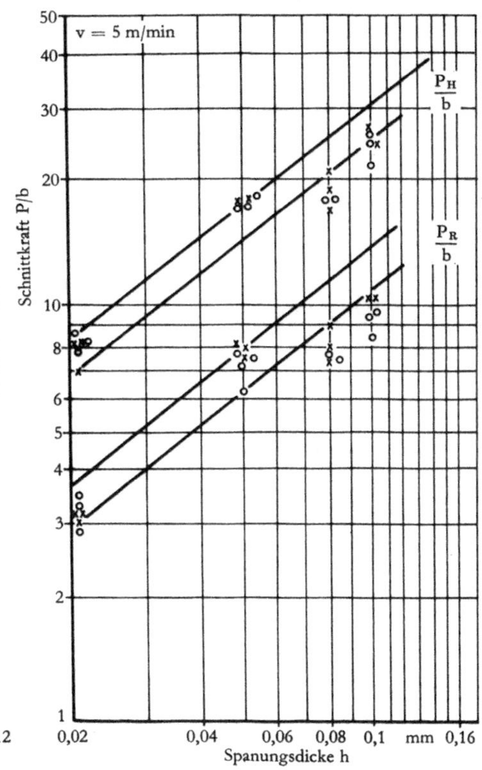

Diagramme für das Räumen: Schnittkraft und Rauheit

Werkstoff
Normbezeichnung C 45
Festigkeit σ_B = 72 kp/mm²

Werkzeug				
Werkzeugstoff SS-DMo 5				
Zähnezahl 7				
Schneidengeometr.	α	γ	λ	t
	2°	15°	0°	12 mm

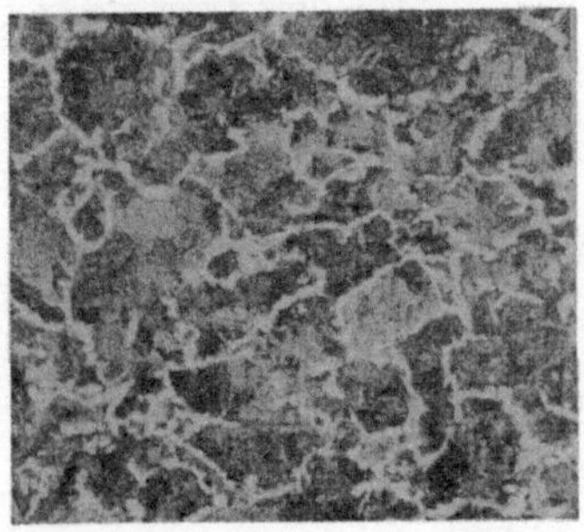

× 200

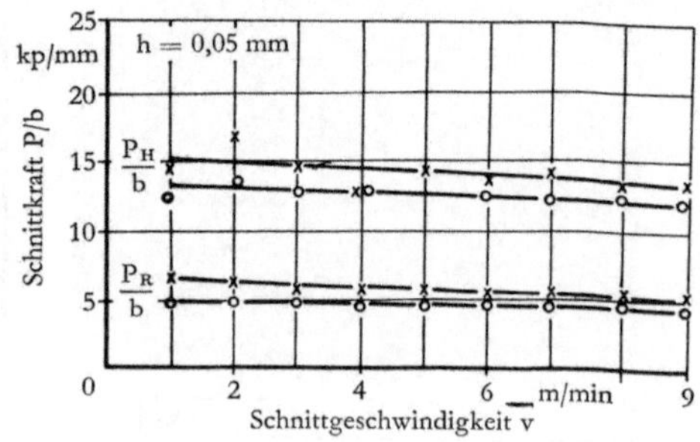

Bemerkungen: /// Emulsion 1 : 5 xxx
\\\ Schneidöl ooo

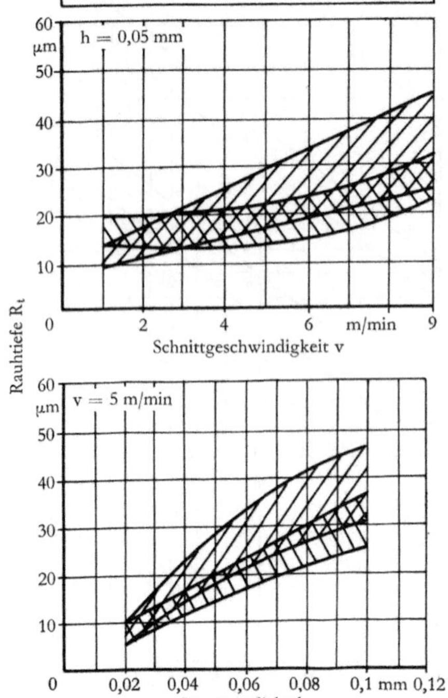

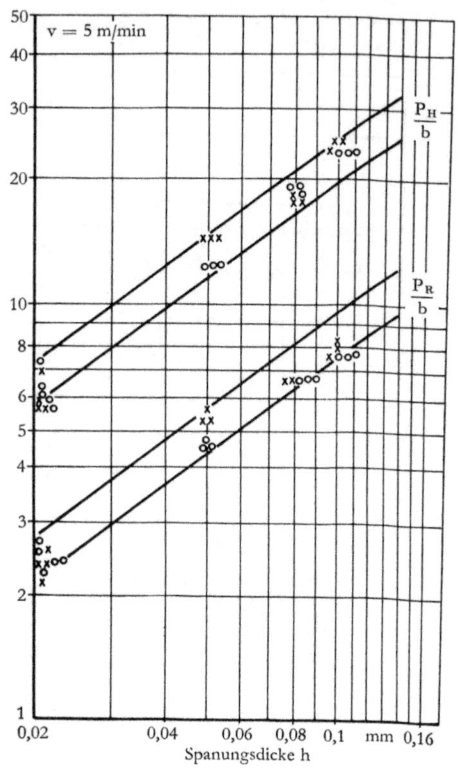

Diagramme für das Räumen: Schnittkraft und Rauheit

Werkstoff
Normbezeichnung St. 70.11
Festigkeit σ_B = 78,5 kp/mm²

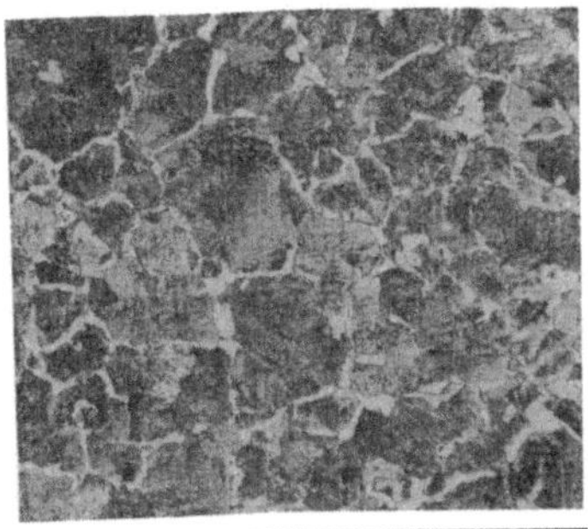

× 200

Bemerkungen: //// Emulsion 1 : 5 x x x
\\\\ Schneidöl o o o

Werkzeug				
Werkzeugstoff SS-DMo 5				
Zähnezahl 7				
Schneidengeometr.	α	γ	λ	t
	2°	15°	0°	12 mm

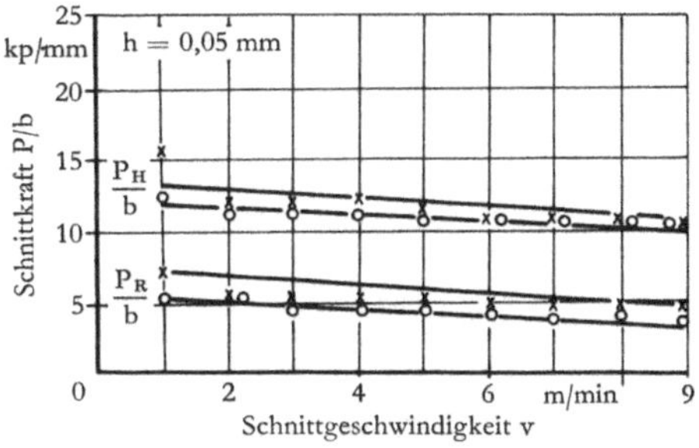

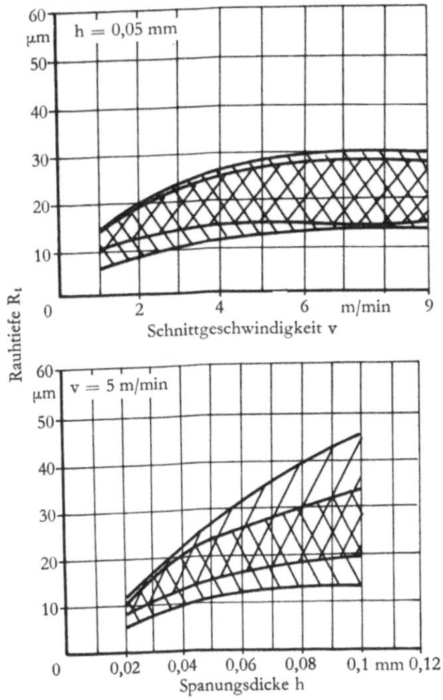

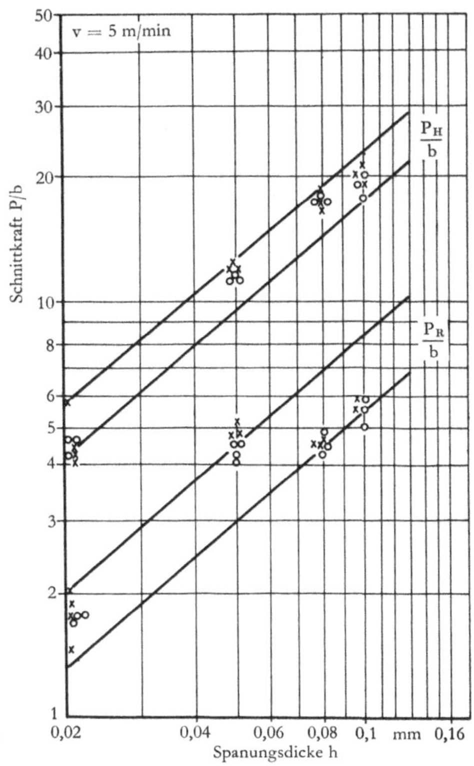

Diagramme für das Räumen: Schnittkraft und Rauheit

Werkstoff
Normbezeichnung 18 CrNi 8
Festigkeit σ_B = 86 kp/mm²

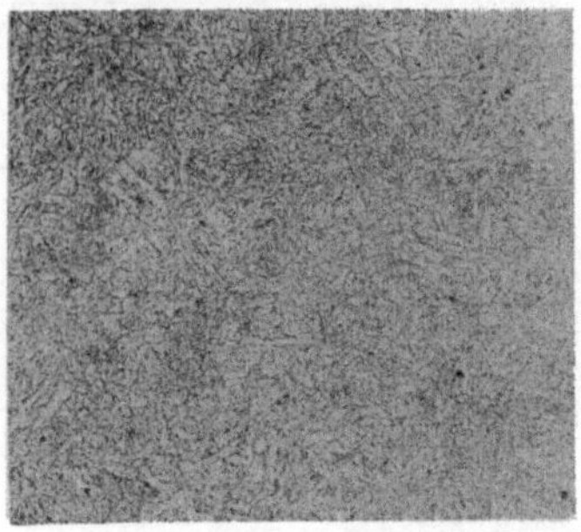

× 200

Werkzeug				
Werkzeugstoff SS-DMo 5				
Zähnezahl 7				
Schneidengeometr.	α	γ	λ	t
	2°	15°	0°	12 mm

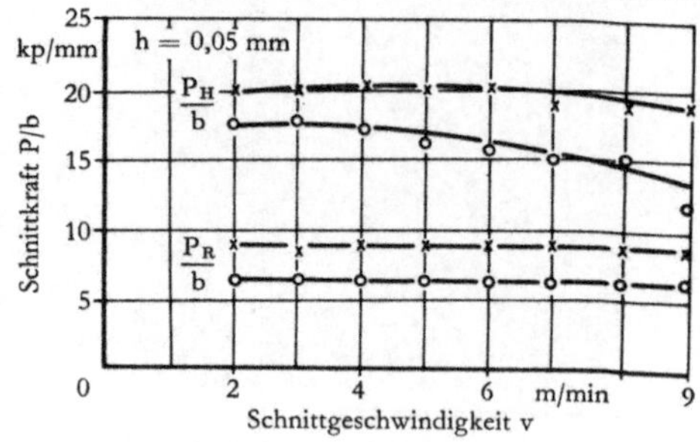

Bemerkungen: /// Emulsion 1 : 5 ××× \\\ Schneidöl ooo

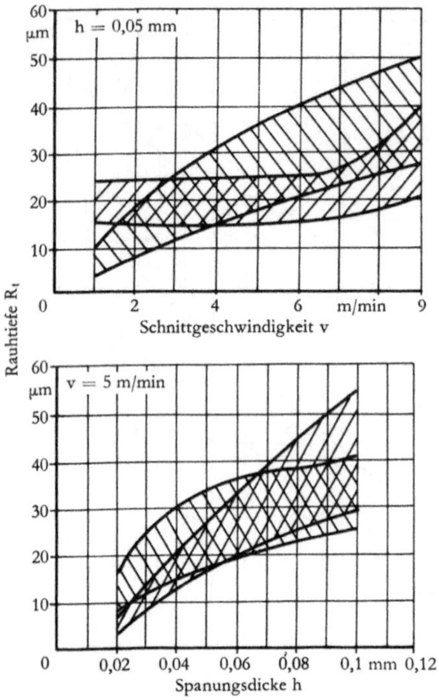

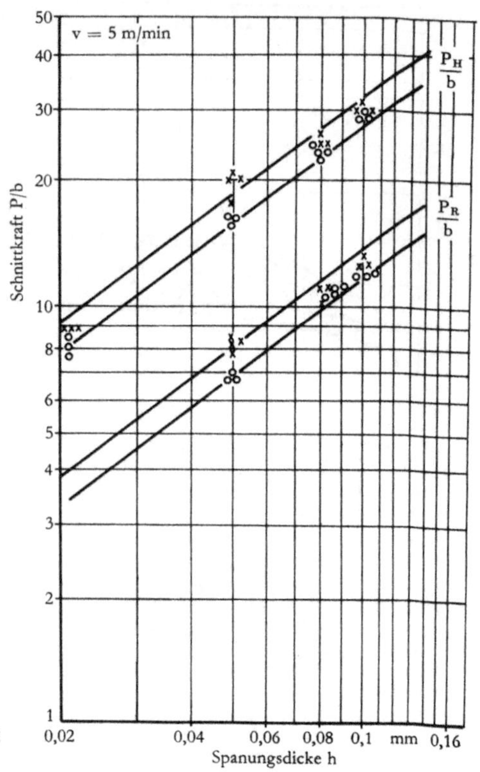

Diagramme für das Räumen: Schnittkraft und Rauheit

Werkstoff
Normbezeichnung Nimonic NCK 20 TAU
Festigkeit $\sigma_B = 110$ kp/mm²

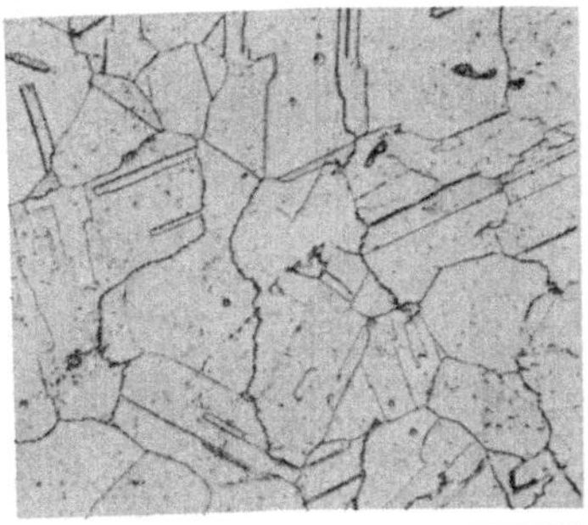

× 300

Bemerkungen: Schneidöl

Werkzeug				
Werkzeugstoff SS-DMo 5				
Zähnezahl 4				
Schneidengeometr.	α	γ	λ	t
	2°	15°	0°	12 mm

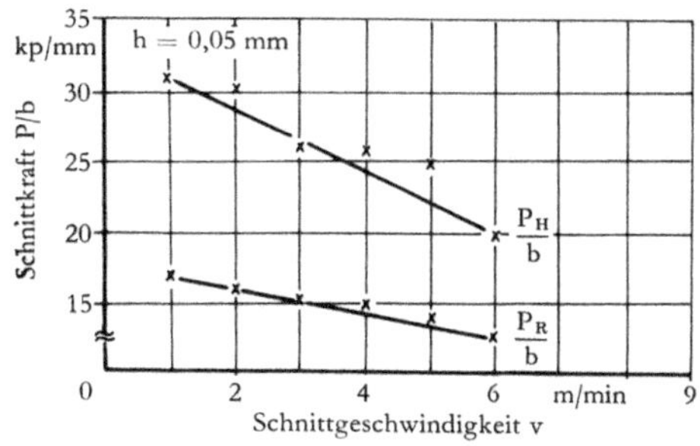

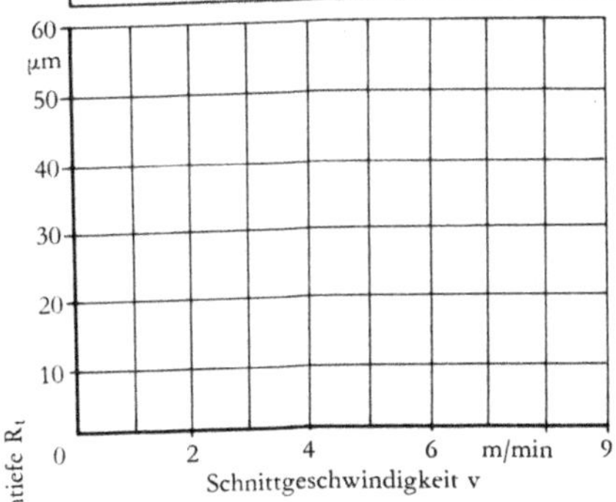

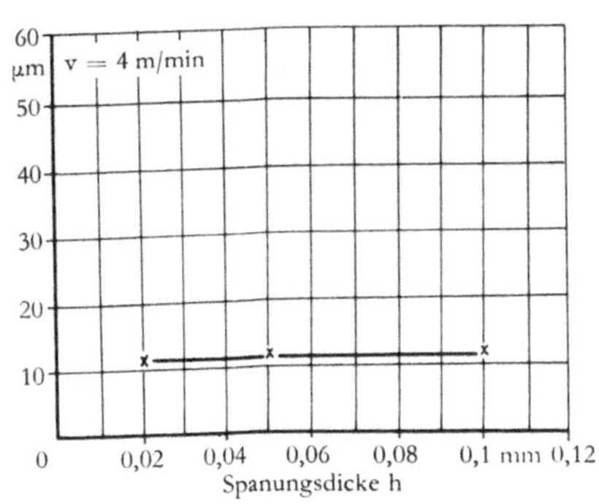

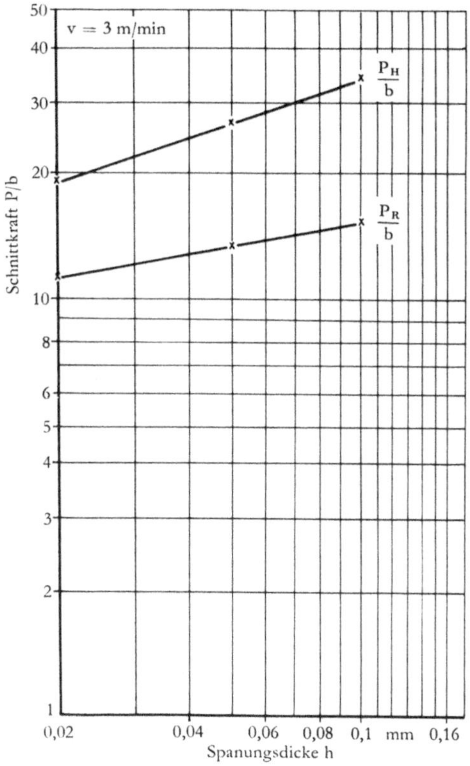

Diagramme für das Räumen: Schnittkraft und Rauheit

FORSCHUNGSBERICHTE DES LANDES NORDRHEIN-WESTFALEN

Herausgegeben im Auftrage des Ministerpräsidenten Dr. Franz Meyers von Staatssekretär Prof. Dr. h. c. Dr.-Ing. E. h. Leo Brandt

MASCHINENBAU

HEFT 45
Losenhausenwerk Düsseldorfer Maschinenbau AG, Düsseldorf
Untersuchungen von störenden Einflüssen auf die Lastgrenzenanzeige von Dauerschwingprüfmaschinen
1953. 24 Seiten, 11 Abb., 3 Tabellen. DM 7,25

HEFT 100
Prof. Dr.-Ing. Herwart Opitz, Aachen
Untersuchungen von elektrischen Antrieben, Steuerungen und Regelungen an Werkzeugmaschinen
1955. 151 Seiten, 71 Abb., 3 Tabellen. DM 31,30

HEFT 136
Dipl.-Phys. P. Pilz, Remscheid
Über spezielle Probleme der Zerkleinerungstechnik von Weichstoffen
1955. 41 Seiten, 19 Abb., 2 Tabellen. DM 11,50

HEFT 147
Dr.-Ing. W. Rudisch, Unna
Untersuchung einer drehelastischen Elektromagnet-Synchronkupplung
1955. 69 Seiten, 65 Abb. DM 17,70

HEFT 183
Dr. phil. rer nat. W. Bornheim, Köln
Entwicklungsarbeiten an Flaschen- und Ampullen-Behandlungsmaschinen für die pharmazeutische Industrie
1956. 38 Seiten, 24 Abb. DM 11,70

HEFT 212
Dipl.-Ing. Heinrich Spodig, Chemapern GmbH Selm
Untersuchung zur Anwendung der Dauermagnete in der Technik
1955. 37 Seiten, 25 Abb. DM 9,80

HEFT 295
Prof. Dr.-Ing. Herwart Opitz und Dipl.-Ing Heinrich Axer, Laboratorium für Werkzeugmaschinen und Betriebslehre der Rhein.-Westf. Technischen Hochschule Aachen
Untersuchung und Weiterentwicklung neuartiger elektrischer Bearbeitungsverfahren
1956. 31 Seiten, 27 Abb. DM 10,30

HEFT 298
Baurat i. R. Prof. Dr.-Ing. Ernst Oehler, Aachen
Untersuchung von kritischen Drehzahlen, die durch Kreiselmomente verursacht werden
1956. 41 Seiten, 35 Abb. DM 13,15

HEFT 384
Prof. Dr.-Ing. Herwart Opitz, Dr.-Ing. Rolf Piekenbrink und Dipl.-Ing. Wolfgang Hölken, Aachen
Schwingungsuntersuchungen an Werkzeugmaschinen
1958. 66 Seiten, 73 Abb. DM 20,40

HEFT 412
Prof. Dr.-Ing. Herwart Opitz, Prof. Dr.-Ing. Volker Aschoff, Dr.-Ing. Hermann Stute und Dipl.-Ing. Gottfried Stute, Rhein.-Westf. Technische Hochschule Aachen
Kennwerte und Leistungsbedarf für Werkzeugmaschinengetriebe
1958. 57 Seiten, 35 Abb. DM 17,20

HEFT 506
Oberbaurat Prof. Dr.-Ing. Walther Meyer zur Capellen, Aachen
Der Flächeninhalt von Koppelkurven. Ein Beitrag zu ihrem Formenwandel
1958. 74 Seiten, 26 Abb. DM 21,50

HEFT 533
Prof. Dr.-Ing. Herwart Opitz und Dipl.-Ing. Wolfgang Hölken, Laboratorium für Werkzeugmaschinen und Betriebslehre der Rhein.-Westf. Technischen Hochschule Aachen
Untersuchung von Ratterschwingungen an Drehbänken
1958. 69 Seiten, 44 Abb., 2 Tabellen. DM 19,70

HEFT 606

Oberbaurat Prof. Dr.-Ing. Walther Meyer zur Capellen, Aachen

Eine Getriebegruppe mit stationärem Geschwindigkeitsverlauf

1958. 33 Seiten, 21 Abb. DM 10,50

HEFT 631

Dr. Erich Wedekind, Krefeld

Der Einfluß der Automatisierung auf die Struktur der Maschinen- und Arbeiterzeiten am mehrstelligen Arbeitsplatz in der Textilindustrie

1958. 71 Seiten, 32 Abb., 8 Tabellen. DM 21,10

HEFT 667

Prof. Dr.-Ing. Herwart Opitz und Dipl.-Ing. Herbert de Jong, Laboratorium für Werkzeugmaschinen und Betriebslehre der Rhein.-Westf. Technischen Hochschule Aachen

Schwingungs- und Geräuschuntersuchung an ortsfesten Getrieben

1959. 32 Seiten, 28 Abb., 2 Tabellen. DM 10,30

HEFT 668

Prof. Dr.-Ing. Herwart Opitz, Dipl.-Ing. Günter Ostermann und Dipl.-Ing. Max Gappisch, Laboratorium für Werkzeugmaschinen und Betriebslehre der Rhein.-Westf. Technischen Hochschule Aachen

1958. 38 Seiten, 26 Abb. DM 12,—

HEFT 669

Prof. Dr.-Ing. Herwart Opitz, Dipl.-Ing. Hans Uhrmeister und Dipl.-Ing. Klaus Jüstel, Laboratorium für Werkzeugmaschinen und Betriebslehre der Rhein.-Westf. Technischen Hochschule Aachen

Aufbau und Wirkungsweise einer Magnetbandsteuerung

1958. 50 Seiten, 39 Abb. DM 15,—

HEFT 670

Prof. Dr.-Ing. Herwart Opitz und Dipl.-Ing. Wolfgang Backé, Laboratorium für Werkzeugmaschinen und Betriebslehre der Rhein.-Westf. Technischen Hochschule Aachen

Untersuchung von Kopiersteuerungen

1959. 69 Seiten, 54 Abb. DM 18,80

HEFT 671

Prof. Dr.-Ing. Herwart Opitz, Dr.-Ing. Rolf Piekenbrink und Dipl.-Ing. Kurt Honrath, Laboratorium für Werkzeugmaschinen und Betriebslehre der Rhein.-Westf. Technischen Hochschule Aachen

Untersuchungen an Werkzeugmaschinenelementen

1959. 69 Seiten, 71 Abb. DM 20,—

HEFT 672

Prof. Dr.-Ing. Herwart Opitz, Dipl.-Ing. Heinrich Heiermann und Dipl.-Ing. Bernhard Rupprecht, Laboratorium für Werkzeugmaschinen und Betriebslehre der Rhein.-Westf. Technischen Hochschule Aachen

Untersuchungen beim Innenrundschleifen

1959. 34 Seiten, 50 Abb. DM 11,50

HEFT 673

Prof. Dr.-Ing. Herwart Opitz, Dipl.-Ing. Hans Obrig und Dipl.-Ing. Karlheinz Ganser, Laboratorium für Werkzeugmaschinen und Betriebslehre der Rhein.-Westf. Technischen Hochschule Aachen

Die Bearbeitung von Werkzeugstoffen durch funkenerosives Senken

1959. 59 Seiten, 41 Abb., 1 Tabelle. DM 18,—

HEFT 676

Prof. Dr.-Ing. Walther Meyer zur Capellen, Aachen

Harmonische Analyse bei Kurbeltrieben.

I. Allgemeine Zusammenhänge

1959. 38 Seiten, 10 Abb. DM 11,50

HEFT 695

Dr.-Ing. Walter Herding, München

Die Fahrdynamik und das Arbeitsspiel gleisloser Erdbaugeräte als Kalkulationsgrundlage für die Bodenförderung und ihre Kosten

1960. 178 Seiten, 89 Abb., 18 Tabellen. DM 49,—

HEFT 718

Prof. Dr.-Ing. Walther Meyer zur Capellen, Lehrstuhl für Getriebelehre der Rhein.-Westf. Technischen Hochschule Aachen

Die geschränkte Kurbelschleife

I. Die Bewegungsverhältnisse

1959. 109 Seiten, 54 Abb. DM 29,20

HEFT 764

Prof. Dr.-Ing. Herwart Opitz, Dr.-Ing. Henning Siebel und Dipl.-Ing. Reinhard Fleck, Laboratorium für Werkzeugmaschinen und Betriebslehre der Rhein.-Westf. Technischen Hochschule Aachen

Keramische Schneidstoffe

1959. 30 Seiten, 18 Abb. DM 9,80

HEFT 772

Prof. Dr.-Ing. Walther Meyer zur Capellen, Lehrstuhl für Getriebelehre der Rhein.-Westf. Technischen Hochschule Aachen

Nomogramme zur geneigten Sinuslinie

1959. 27 Seiten, 11 Abb. DM 8,50

HEFT 775

Prof. Dr.-Ing. Herwart Opitz und Dr.-Ing. Janez Peklenik, Laboratorium für Werkzeugmaschinen und Betriebslehre der Rhein.-Westf. Technischen Hochschule Aachen

Über den Aufbau und das Verhalten meßgesteuerter Werkzeugmaschinen

1959. 37 Seiten, 27 Abb. DM 11,40

HEFT 777

Prof. Dr.-Ing. Herwart Opitz und Dipl.-Ing. Paul-Heinz Brammertz, Laboratorium für Werkzeugmaschinen und Betriebslehre der Rhein.-Westf. Technischen Hochschule Aachen

Werkstückgüte und Fertigkeitskosten beim Innen-Feindrehen und Außenrund-Einstechschleifen

1959. 91 Seiten, 68 Abb. DM 25,30

HEFT 788
Prof. Dr.-Ing. Herwart Opitz, Laboratorium für Werkzeugmaschinen und Betriebslehre der Rhein.-Westf. Technischen Hochschule Aachen
Der Einsatz radioaktiver Isotope bei Zerspanungsuntersuchungen
1959. 35 Seiten, 23 Abb. DM 11,30

HEFT 794
Dipl.-Ing. Reinhard Wilken, Forschungsstelle Blechverarbeitung am Institut für Werkzeugmaschinen und Umformtechnik der Technischen Hochschule Hannover
Das Biegen von Innenborden mit Stempeln
1959. 80 Seiten. DM 22,40

HEFT 801
Baurat Dipl.-Ing. Waldemar Gesell, Staatliche Ingenieurschule für Maschinenwesen, Duisburg
Ersatz von Quarzsand als Strahlmittel
1960. 66 Seiten, 12 Abb., 4 Tabellen, 17 Diagramme. DM 18,90

HEFT 803
Prof. Dr.-Ing. Walther Meyer zur Capellen und Dipl.-Ing. Erich Lenk, Lehrstuhl für Getriebelehre der Rhein.-Westf. Technischen Hochschule Aachen
Harmonische Analyse bei Kurbeltrieben II. Gleichschenklige Getriebe
1960. 69 Seiten, 15 Abb. DM 18,40

HEFT 804
Prof. Dr.-Ing. Walther Meyer zur Capellen und Dipl.-Ing. Walter Rath, Lehrstuhl für Getriebelehre der Rhein.-Westf. Technischen Hochschule Aachen
Die geschränkte Kurbelschleife II. Die Harmonische Analyse
1960. 66 Seiten, 14 Abb. DM 18,90

HEFT 806
Prof. Dr.-Ing. Herwart Opitz und Dr.-Ing. Rolf Piekenbrink, Laboratorium für Werkzeugmaschinen und Betriebslehre der Rhein.-Westf. Technischen Hochschule Aachen
Untersuchungen an Zahnradbearbeitungsmaschinen
1960. 95 Seiten, 81 Abb. DM 29,30

HEFT 809
Prof. Dr.-Ing. Herwart Opitz und Dipl.-Ing. H. H. Herold, Laboratorium für Werkzeugmaschinen und Betriebslehre der Rhein.-Westf. Technischen Hochschule Aachen
Untersuchung von elektro-mechanischen Schaltelementen
1960. 35 Seiten, 16 Abb. DM 11,—

HEFT 810
Prof. Dr.-Ing. Herwart Opitz und Dr.-Ing. Norbert Maas, Laboratorium für Werkzeugmaschinen und Betriebslehre der Rhein.-Westf. Technischen Hochschule Aachen
Das dynamische Verhalten von Lastschaltgetrieben
1960. 97 Seiten, 77 Abb. DM 29,50

HEFT 811
Prof. Dr.-Ing. Herwart Opitz, Dipl.-Ing Klaus Jüstel und Dipl.-Ing. H. Bürklin, Forschungsinstitut für Rationalisierung der Rhein.-Westf. Technischen Hochschule Aachen
Über Weggeber für automatisch gesteuerte Arbeitsmaschinen
1960. 93 Seiten, 79 Abb. Vergriffen

HEFT 820
Prof. Dr.-Ing. Herwart Opitz, Dipl.-Ing. Helmut Rohde und Dipl.-Ing. Wilfried König, Laboratorium für Werkzeugmaschinen und Betriebslehre der Rhein.-Westf. Technischen Hochschule Aachen
Untersuchungen der Spanformung durch Spanbrecher beim Drehen mit Hartmetallwerkzeugen
1960. 46 Seiten, 41 Abb., 4 Tabellen. DM 15,80

HEFT 830
Prof. Dr.-Ing. Herwart Opitz und Dipl.-Ing. Wolfgang Backé, Laboratorium für Werkzeugmaschinen und Betriebslehre der Rhein.-Westf. Technischen Hochschule Aachen
Automatisierung des Arbeitsablaufes in der spanabhebenden Fertigung. Untersuchung eines unstetigen Nachformsystems mit einem elektrohydraulischen Stellglied
1960. 43 Seiten, 39 Abb. DM 14,60

HEFT 831
Prof. Dr.-Ing. Herwart Opitz, Dr.-Ing. Hans-Günther Rohs und Dr.-Ing. Gottfried Stute, Laboratorium für Werkzeugmaschinen und Betriebslehre der Rhein.-Westf. Technischen Hochschule Aachen
Statistische Untersuchungen über die Ausnutzung von Werkzeugmaschinen in der Einzel- und Massenfertigung
1960. 38 Seiten, 32 Abb. DM 13,—

HEFT 835
Prof. Dr.-Ing. Walther Meyer zur Capellen, Lehrstuhl für Getriebelehre der Rhein.-Westf. Technischen Hochschule Aachen
Die harmonische Analyse von zykloidengesteuerten Schleifen
1961. 57 Seiten, 22 Abb. DM 20,90

HEFT 864
Prof. Dr.-Ing. Herwart Opitz und Dr.-Ing. Gottfried Stute, Laboratorium für Werkzeugmaschinen und Betriebslehre der Rhein.-Westf. Technischen Hochschule Aachen
Funkenarbeit und Bearbeitungsergebnis bei der funkenerosiven Bearbeitung
1960. 44 Seiten, 19 Abb. DM 13,60

HEFT 873
Prof. Dr.-Ing. Walther Meyer zur Capellen und Dipl.-Ing. Walter Rath, Lehrstuhl für Getriebelehre der Rhein.-Westf. Technischen Hochschule Aachen
Kinematik der sphärischen Schubkurbel
1960. 37 Seiten, 13 Abb. DM 11,20

HEFT 887

Baurat Dipl.-Ing. Waldemar Gesell, Staatliche Ingenieurschule für Maschinenwesen, Duisburg

Arbeiten mit Preß-Formmaschinen unter Normal-Bedingungen und bei hohen spezifischen Preßdrücken

1960. 140 Seiten, 108 Abb., 11 Tabellen. DM 42,—

HEFT 898

Prof. Dr.-Ing. Herwart Opitz und Herbert de Jong, Laboratorium für Werkzeugmaschinen und Betriebslehre der Rhein.-Westf. Technischen Hochschule Aachen

Untersuchung von Zahnradgetrieben und Zahnradbearbeitungsmaschinen in Zusammenarbeit mit der Industrie

1960. 58 Seiten, 52 Abb. DM 19,20

HEFT 900

Prof. Dr.-Ing. Herwart Opitz und Dr.-Ing. Johannes Bielefeld, Laboratorium für Werkzeugmaschinen und Betriebslehre der Rhein.-Westf. Technischen Hochschule Aachen

Modellversuche an Werkzeugmaschinenelementen

1960. 73 Seiten, 55 Abb. DM 21,—

HEFT 901

Prof. Dr.-Ing. Herwart Opitz, Dr.-Ing. Johannes Bielefeld und Dipl.-Ing. Werner Kalkert, Laboratorium für Werkzeugmaschinen und Betriebslehre der Rhein.-Westf. Technischen Hochschule Aachen

Lebensdauerprüfung von Zahnradgetrieben

1960. 54 Seiten, 46 Abb. DM 17,30

HEFT 908

Dr.-Ing. Wilhelm Dettmering, Institut für Turbomaschinen der Rhein.-Westf. Technischen Hochschule Aachen

Experimentelle Untersuchungen an einer axialen Turbinenstufe

1960. 180 Seiten, 116 Abb., 13 Tabellen. DM 50,80

HEFT 914

Baurat Dipl.-Ing. Waldemar Gesell, Staatliche Ingenieurschule für Maschinenwesen, Duisburg

Zu Fragen der Strahlmittelprüfung

1961. 188 Seiten, 78 Abb, 1 Tafel. DM 49,—

HEFT 923

Prof. Dr.-Ing. Walther Meyer zur Capellen und Dipl.-Ing. Karl-Albert Rischen, Lehrstuhl für Getriebelehre der Rhein.-Westf. Technischen Hochschule Aachen

Lagenzuordnungen an ebenen Viergelenkgetrieben in analytischer Darstellung. Eine Maßsynthese

1961. 83 Seiten, 29 Abb. DM 23,20

HEFT 928

Prof. Dr.-Ing. Herwart Opitz, Dipl.-Ing. Helmut Rohde und Dipl.-Ing. Wilfried König, Laboratorium für Werkzeugmaschinen und Betriebslehre der Rhein.-Westf. Technischen Hochschule Aachen

Untersuchung des Räumvorganges

1961. 115 Seiten, 90 Abb. DM 36,10

HEFT 929

Prof. Dr.-Ing. Herwart Opitz, Dr.-Ing. Henning Siebel, Dipl.-Ing. Reinhard Fleck und Dipl.-Ing. Franz Altdorf, Laboratorium für Werkzeugmaschinen und Betriebslehre der Rhein.-Westf. Technischen Hochschule Aachen

Richtwerte für das Fräsen von unlegierten und legierten Baustählen mit Hartmetall. - Teil III

1961. 64 Seiten, 57 Abb., 7 Tabellen. DM 21,30

HEFT 930

Prof. Dr.-Ing. Herwart Opitz und Dipl.-Ing. Rolf Umbach, Laboratorium für Werkzeugmaschinen und Betriebslehre der Rhein.-Westf. Technischen Hochschule Aachen

Modellversuch zur dynamischen Versteifung von Werkzeugmaschinen durch Ankopplung gedämpfter Hilfsmassensysteme

1961. 37 Seiten, 30 Abb. DM 13,30

HEFT 931

Dipl.-Ing. Hans-Günther Rachner, Institut für Maschinen-Gestaltung und Maschinen-Dynamik der Rhein.-Westf. Technischen Hochschule Aachen

Leiter: Prof. Dr.-Ing. K. Lürenbaum

Ein Beitrag zur Frage der Kettenradverzahnung

1961. 63 Seiten, 55 Abb., 2 Tabellen. DM 19,90

HEFT 943

Dipl.-Ing. Hans-Günther Rachner, Institut für Maschinen-Gestaltung und Maschinen-Dynamik der Rhein.-Westf. Technischen Hochschule Aachen

Leiter: Prof. Dr.-Ing. K. Lürenbaum

Die Drehschwingungen des Zweirad-Kettentriebes bei innerer Erregung

1961. 98 Seiten, 68 Abb. DM 30,—

HEFT 949

Prof. Dr.-Ing. Karl Leist †, Dipl.-Ing. Dieter Stojek und Dipl.-Ing. Manfred Pötke, Institut für Turbomaschinen der Rhein.-Westf. Technischen Hochschule Aachen

Verbesserung der Wirtschaftlichkeit von Gasturbinen durch Zwischenverbrennung innerhalb der Turbine und Versuche zu ihrer Verwirklichung

1961. 80 Seiten, 40 Abb. DM 30,10

HEFT 950

Prof. Dr.-Ing. Karl Leist † und Dipl.-Ing. Oswald Thun, Institut für Turbomaschinen der Rhein.-Westf. Technischen Hochschule Aachen

Strömungsmessungen zur Ermittlung von Brennkammer-Ausbrenngraden

1961. 66 Seiten, 33 Abb., 6 Tabellen. DM 19,90

HEFT 951

Prof. Dr.-Ing. Karl Leist † und Dipl.-Ing. Oswald Thun, Institut für Turbomaschinen der Rhein.-Westf. Technischen Hochschule Aachen

Meßmethode bei Brennkammeruntersuchungen zur Ermittlung des Ausbrenngrades

1961. 63 Seiten, 10 Abb., 2 Tabellen. DM 19,20

HEFT 953

Prof. Dr.-Ing. Karl Leist † und Dipl.-Ing. Heinrich Ostenrath, Institut für Turbomaschinen der Rhein.-Westf. Technischen Hochschule Aachen

Betriebsverhalten einer Versuchsturbine kleiner Leistung

1961. 43 Seiten, 35 Abb., 2 Anlagen. DM 15,30

HEFT 955

Prof. Dr.-Ing. Herwart Opitz und Dipl.-Ing. Hans Uhrmeister, Laboratorium für Werkzeugmaschinen und Betriebslehre der Rhein.-Westf. Technischen Hochschule Aachen

Die dynamischen Eigenschaften hydraulischer Vorschubmotoren für Werkzeugmaschinen

1961. 60 Seiten, 66 Abb. DM 20,—

HEFT 977

Dr.-Ing. Gottfried Kronenberger, Institut für Baumaschinen und Baubetrieb der Rhein.-Westf. Technischen Hochschule Aachen

Leiter: Prof. Dr. Georg Garbotz

Untersuchungen über die Verdichtungswirkung und das Arbeitsverhalten eines Einmassenrüttlers auf Schotter und Kiessand zur Ermittlung der maßgeblichen Einflußgrößen bei der Rüttelverdichtung

1961. 96 Seiten, 17 Tafeln, 7 Tabellen, 36 Abb. DM 27,70

HEFT 981

Dr.-Ing. Werner Wilhelm, Aerodynamisches Institut der Rhein.-Westf. Technischen Hochschule Aachen

Berechnung des Gaswechsels kurbelkastengespülter Zweitaktmotoren unter Berücksichtigung des Einflusses der Massenwirkung der strömenden Gassäule in den Spülkanälen

1961. 57 Seiten, 6 Abb., 10 Bilder. DM 19,20

HEFT 982

Dr.-Ing. Werner Wilhelm, Aerodynamisches Institut der Rhein.-Westf. Technischen Hochschule Aachen

Die Wirkung von Auspuffrohren mit Blenden am Rohrende sowie diffusorartiger Auspuffleistungen auf den Ladungswechsel einer Einzylinder-Zweitakt-Vergasermaschine mit Kurbelkastenspülpumpe

1961. 61 Seiten, 24 Abb., 1 Tabelle. DM 19,10

HEFT 983

Prof. Dr.-Ing. Paul Hadlatsch †, Aerodynamisches Institut der Rhein.-Westf. Technischen Hochschule Aachen

Berechnung der Druckwellen in Brennstoffeinspritzsystemen und in hydraulischen Ventilsteuerungen

1961. 107 Seiten, 31 Abb., 2 Tabellen. DM 33,90

HEFT 986

Dr.-Ing. Jameel Ahmad Khan, Aerodynamisches Institut der Rhein.-Westf. Technischen Hochschule Aachen

Untersuchungen zur instationären Strömung durch unstetige Querschnittsänderungen in Druckleitungen von Einspritzsystemen

1961. 76 Seiten., 47 Abb., 1 Tabelle. DM 28,60

HEFT 987

Dr.-Ing. Wilhelm Bosch, Aerodynamisches Institut der Rhein.-Westf. Technischen Hochschule Aachen

Untersuchungen zur instationären reibenden Strömung in Druckleitungen von Einspritzsystemen

1961. 55 Seiten, 37 Abb. DM 20,—

HEFT 988

Dr.-Ing. Werner Wilhelm und Dipl.-Ing. Rudolf Jürgler, Aerodynamisches Institut der Rhein.-Westf. Technischen Hochschule Aachen

Nichtstationäre, eindimensionale und reibungsfreie Gasströmung schwach kompressibler Medien in Rohren mit einigen unstetigen Querschnittsänderungen

1961. 69 Seiten, 17 Abb. DM 21,50

HEFT 989

Dr.-Ing. Werner Wilhelm, Aerodynamisches Institut der Rhein.-Westf. Technischen Hochschule Aachen

Einfluß der Spülkanalabmessungen auf den Ladungswechsel kurbelkastengespülter Zweitakt-Motoren

1961. 99 Seiten, 37 Abb., Tabellen. DM 35,30

HEFT 1006

Prof. Dr.-Ing. Walther Meyer zur Capellen und Mitarbeiter, Lehrstuhl für Getriebelehre der Rhein.-Westf. Technischen Hochschule Aachen

Bewegungsverhältnisse an gleichschenkligen Kurbeltrieben

1962. 72 Seiten, 49 Abb. DM 25,—

HEFT 1007

Prof. Dr.-Ing. Dr. h. c. Herwart Opitz und Dr.-Ing. Gottfried Stute, Laboratorium für Werkzeugmaschinen und Betriebslehre der Rhein.-Westf. Technischen Hochschule Aachen

Berechnung der Funkenarbeit aus den elektrischen Daten der Arbeitskreiselemente von Funkenerosionsmaschinen

1961. 43 Seiten, 9 Abb. DM 14,80

HEFT 1008

Prof. Dr.-Ing. Dr. h. c. Herwart Opitz und Dr.-Ing. Paul-Heinz Brammertz, Laboratorium für Werkzeugmaschinen und Betriebslehre der Rhein.-Westf. Technischen Hochschule Aachen

Untersuchung der Ursachen für Form- und Maßfehler bei der Feinbearbeitung

1961. 43 Seiten, 32 Abb. DM 15,20

HEFT 1011

Prof. Dr.-Ing. Dr. h. c. Herwart Opitz, Dr.-Ing. Günter Ostermann und Dipl.-Ing. Max Gappisch, Laboratorium für Werkzeugmaschinen und Betriebslehre der Rhein.-Westf. Technischen Hochschule Aachen

Untersuchung der Ursachen des Werkzeugverschleißes

1961. 63 Seiten, 37 Abb., 2 Tabellen. DM 23,90

HEFT 1015
Prof. Dr.-Ing. Walther Meyer zur Capellen, Lehrstuhl für Getriebelehre der Rhein.-Westf. Technischen Hochschule Aachen
Biegungs- und Lagerschwingungen in Kurbeltrieben
1962. 53 Seiten, 30 Abb., 2 Tabellen. DM 19,20

HEFT 1035
Dr.-Ing. Walter Rath, Lehrstuhl für Getriebelehre der Rhein.-Westf. Technischen Hochschule Aachen
Massenkräfte in den Lagern sphärischer Getriebe
1961. 81 Seiten, 40 Abb. DM 27,30

HEFT 1062
Dr.-Ing. Heinrich Pfeiffer, Aerodynamisches Institut der Rhein.-Westf. Technischen Hochschule Aachen
Leiter: Prof. Dr.-Ing. F. Seewald
Strömungsuntersuchungen an Kreiszylindern bei hohen Geschwindigkeiten
1962. 73 Seiten, 53 Abb. DM 26,—

HEFT 1065
Baurat Dipl.-Ing. Waldemar Gesell, Staatliche Ingenieurschule für Maschinenwesen, Duisburg
Beitrag über den Einfluß von Kornform und Körnung auf die Wirkungsweise von Strahlmitteln
1962. 212 Seiten, 116 Abb., 21 Tabellen. DM 49,—

HEFT 1066
Prof. Dr.-Ing. Walther Meyer zur Capellen und Dipl.-Ing. Karl-Albert Rischen, Lehrstuhl für Getriebelehre der Rhein.-Westf. Technischen Hochschule Aachen
Symmetrische Koppelkurven und ihre Anwendung
1962. 90 Seiten, 50 Abb. DM 29,—

HEFT 1070
Prof. Dr.-Ing. Dr. h. c. Herwart Opitz und Dr.-Ing. Hans-Hermann Herold, Laboratorium für Werkzeugmaschinen und Betriebslehre der Rhein.-Westf. Technischen Hochschule Aachen
Elektromechanische Kopiersteuerungen
1962. 102 Seiten, 74 Abb. DM 33,90

HEFT 1080
Prof. Dr.-Ing. Ludolf Engel, Bergakademie Clausthal
Theorie der handgeführten schlagenden Druckluftwerkzeuge und experimentelle Untersuchungen insbesondere an Abbauhämmern im normalen und anormalen Betrieb
1962. 86 Seiten, 53 Abb., 4 Tabellen. DM 39,—

HEFT 1097
Prof. Dr.-Ing. Dr. h. c. Herwart Opitz und Dipl.-Ing. Reinhard Thämer, Laboratorium für Werkzeugmaschinen und Betriebslehre der Rhein.-Westf. Technischen Hochschule Aachen
Verschleiß- und Schnittkraftuntersuchungen bei der Zahnradbearbeitung
1962. 40 Seiten, 34 Abb. DM 22,50

HEFT 1127
Prof. Dr.-Ing. Karl Leist †, Dr.-Ing. Heinz J. Oellers, Institut für Turbomaschinen der Rhein.-Westf. Technischen Hochschule Aachen
Beitrag zur Berechnung der inkompressiblen Unterschallströmung in ebenen Profilgittern auf elektrischen Digitalrechnern
1963. 90 Seiten, 34 Abb. DM 85,50

HEFT 1128
Prof. Dr.-Ing. Karl Leist †, Institut für Turbomaschinen der Rhein.-Westf. Technischen Hochschule Aachen
Dipl.-Ing. Hans Georg Wiening, Institut für Luftstrahlantriebe der Deutschen Versuchsanstalt für Luft- und Raumfahrt e. V.
Enzyklopädische Abhandlung über ausgeführte Strahltriebwerke
1963. 463 Seiten, 255 Abb., Tabellarische Zusammenstellung der Strahltriebwerke. DM 247,—

HEFT 1135
Prof. Dr.-Ing. Walther Meyer zur Capellen, Lehrstuhl für Getriebelehre der Rhein.-Westf. Technischen Hochschule Aachen
Konstruktion ebener Kurventriebe und vergleichende Analyse ihrer Bewegungsgesetze
1963. 59 Seiten, 29 Abb., 10 Tafeln. DM 34,80

HEFT 1143
Dr.-Ing. Helmut Scheele, Institut für Turbomaschinen der Rhein.-Westf. Technischen Hochschule Aachen, Prof. Dr.-Ing. W. Dettmering
Entwicklung einer Versuchsgasturbine zur Messung der Läufertemperaturen im Betrieb
1963. 100 Seiten, 37 Abb., davon 2 auf Faltblättern, 7 Tabellen. DM 49,50

HEFT 1145
Prof. Dr.-Ing. Dr. h. c. Herwart Opitz, Dr.-Ing. Hans Wilhelm Obrig und Dr.-Ing. Karlheinz Ganser, Laboratorium für Werkzeugmaschinen und Betriebslehre der Rhein.-Westf. Technischen Hochschule Aachen
Funkenerosive Bearbeitung. Untersuchungen von Einflußgrößen bei der funkenerosiven Senkbearbeitung
1963. 70 Seiten, 58 Abb., 1 Tabelle. DM 38,50

HEFT 1146
Prof. Dr.-Ing. Dr. h. c. Herwart Opitz und Dipl.-Ing. Wilfried Lehwald, Laboratorium für Werkzeugmaschinen und Betriebslehre der Rhein.-Westf. Technischen Hochschule Aachen
Untersuchungen über den Einsatz von Hartmetallen beim Fräsen
1963. 73 Seiten, 69 Abb., 4 Tabellen. DM 44,—

HEFT 1147
Prof. Dr.-Ing. Dr. h. c. Herwart Opitz, Dr.-Ing. Paul Brammertz und Dipl.-Ing. Karl Friedrich Meyer, Laboratorium für Werkzeugmaschinen und Betriebslehre der Rhein.-Westf. Technischen Hochschule Aachen
Untersuchungen an keramischen Schneidstoffen
1963. 37 Seiten, 17 Abb., 5 Tabellen. DM 19,80

HEFT 1148

Prof. Dr.-Ing. Dr. h. c. Herwart Opitz und Dozent Dr.-Ing. Janez Peklenik, Laboratorium für Werkzeugmaschinen und Betriebslehre der Rhein.-Westf. Technischen Hochschule Aachen

Untersuchung an Meßsteuerungen

1963. 104 Seiten, 77 Abb., 6 Tabellen. DM 54,—

HEFT 1150

Prof. Dr.-Ing. Dr. h. c. Herwart Opitz, Dr.-Ing. Paul-Heinz Brammertz und Dr.-Ing. Ernst H. Kohlhage, Laboratorium für Werkzeugmaschinen und Betriebslehre der Rhein.-Westf. Technischen Hochschule Aachen

Untersuchungen zum Leistungsvergleich der Feinbearbeitungsverfahren

1963. 60 Seiten, 47 Abb. DM 31,20

HEFT 1182

Prof. Dr.-Ing. Alfred Kuhlenkamp und Dipl.-Ing. Ernst Reuter, Institut für Feinwerktechnik und Regelungstechnik der Technischen Hochschule Braunschweig

Entwicklung eines Drehmomenten-Meßgerätes

1963. 40 Seiten, 27 Abb. DM 18,90

HEFT 1226

Prof. Dr.-Ing. Walter Meyer zur Capellen und Dipl.-Ing. Bernd Janssen, Lehrstuhl für Getriebelehre der Rhein.-Westf. Technischen Hochschule Aachen

Spezielle Koppelkurvenrast- und Schaltgetriebe

HEFT 1245

Prof. Dr.-Ing. Walther Meyer zur Capellen und Dipl.-Ing. Paul Danke, Lehrstuhl für Getriebelehre der Rhein.-Westf. Technischen Hochschule Aachen

Sechspunktige Kreisführungen durch das Gelenkviereck

1963. 48 Seiten, 31 Abb., 4 Tabellen. DM 35,—

HEFT 1246

Prof. Dr.-Ing. Dr. h. c. Herwart Opitz, Laboratorium für Werkzeugmaschinen und Betriebslehre der Rhein.-Westf. Technischen Hochschule Aachen

Über die dynamische Stabilität hydraulischer Steuerungen unter Berücksichtigung der Strömungskräfte

1964. 110 Seiten, 80 Abb. DM 66,—

HEFT 1292

Prof. Dr.-Ing. Dr. h. c. Herwart Opitz, Dozent Dr.-Ing. Janez Peklenik und Dr.-Ing. Klaus Brückner, Laboratorium für Werkzeugmaschinen und Betriebslehre der Rhein.-Westf. Technischen Hochschule Aachen

Untersuchung der Eigenschaften von Schleifkörpern und ihr Verhalten im Schleifvorgang

1964. 63 Seiten, 50 Abb., 14 Tabellen. DM 38,70

HEFT 1296

Prof. Dr. Georg Garbotz und Prof. Dr. Sehad Ersoy, Institut für Baumaschinen und Baubetrieb der Rhein.-Westf. Technischen Hochschule Aachen

Untersuchungen über die Verdichtungswirkung von Tauchrüttlern

HEFT 1302

Prof. Dr.-Ing. Walther Meyer zur Capellen und Dr.-Ing. Erich Lenk, Lehrstuhl für Getriebelehre der Rhein.-Westf. Technischen Hochschule Aachen

Tafeln zur harmonischen Analyse der Bewegungen viergliedriger Gelenkgetriebe

1964. 153 Seiten, 16 Abb. DM 96,—

HEFT 1304

Prof. Dr.-Ing. Dr. h. c. Herwart Opitz und Dr.-Ing. Herbert de Jong, Laboratorium für Werkzeugmaschinen und Betriebslehre der Rhein.-Westf. Technischen Hochschule Aachen

Der Einfluß der Wälzgenauigkeit von Verzahnmaschinen auf die Fertigungsgenauigkeit und das Laufverhalten von Stirnradgetrieben

1964. 61 Seiten, 50 Abb. DM 39,50

HEFT 1309

Oberbaurat Dipl.-Ing. Waldemar Gesell, Staatliche Ingenieurschule für Maschinenwesen, Duisburg

Beitrag zur Arbeitsweise von Sandslingern

1964. 144 Seiten, 83 Abb., 10 Tabellen. DM 71,50

HEFT 1331

Prof. Dr.-Ing. Dr. h. c. Herwart Opitz, Dipl.-Ing. Dietrich Günther, Dipl.-Ing. Martin Hoffmann und Dipl.-Ing. Heinz Schlotterbeck, Laboratorium für Werkzeugmaschinen und Betriebslehre der Rhein.-Westf. Technischen Hochschule Aachen

Untersuchungen an Werkzeugmaschinenspindeln, Wälzlagern und hydrostatischen Lagerungen

1964. 67 Seiten, 56 Abb. DM 41,—

HEFT 1356

Prof. Dr.-Ing. Dr. h. c. Herwart Opitz, Dr.-Ing. W. König und Dipl.-Ing. M. Schütte, Laboratorium für Werkzeugmaschinen und Betriebslehre der Rhein.-Westf. Technischen Hochschule Aachen

Einfluß des Werkstoffes und der Werkstoffvorbehandlung auf die Oberflächengüten beim Räumen

HEFT 1357

Prof. Dr.-Ing. Dr. h. c. Herwart Opitz, Dr.-Ing. R. Umbach und Dipl.-Ing. W. Dreyer, Laboratorium für Werkzeugmaschinen und Betriebslehre der Rhein.-Westf. Technischen Hochschule Aachen

Dynamische Versteifung von Werkzeugmaschinen durch gedämpfte Hilfsmassensysteme

In Vorbereitung

Heft 1388

Prof. Dr.-Ing. Dr. h. c. Herwart Opitz und Dipl.-Ing. Karl Schwiegelshohn, Laboratorium für Werkzeugmaschinen und Betriebslehre der Rhein.-Westf. Technischen Hochschule Aachen

Entwicklung seismischer Drehfehlermeßgeräte mit niedrigen Eigenfrequenzen für die Verzahntechnik

In Vorbereitung

HEFT 1394

Prof. Dr.-Ing. Walter Meyer zur Capellen und Dipl.-Ing. H. Houben, Lehrstuhl für Getriebelehre der Rhein.-Westf. Technischen Hochschule Aachen

Untersuchungen über elastische Schwingungen in periodischen Getrieben

In Vorbereitung

HEFT 1405

Prof. Dr.-Ing. Dr. h. c. Herwart Opitz und Dr.-Ing. M. Gappich, Laboratorium für Werkzeugmaschinen und Betriebslehre an der Rhein.-Westf. Technischen Hochschule Aachen

Die Aufbauschneidenbildung bei der spanabhebenden Bearbeitung

In Vorbereitung

HEFT 1406

Prof. Dr.-Ing. Dr. h. c. Herwart Opitz, Dr.-Ing. E. Kohlhage und Dipl.-Ing. A. Ledergerber, Laboratorium für Werkzeugmaschinen und Betriebslehre an der Rhein.-Westf. Technischen Hochschule Aachen

Untersuchungen der Ursachen für Form und Maßfehler bei der Feinbearbeitung

In Vorbereitung

HEFT 1409

Prof. Dr.-Ing. Walter Meyer zur Capellen, Institut für Getriebelehre an der Rhein.-Westf. Technischen Hochschule Aachen

Analytische Darstellung symmetrischer Koppelkurven

In Vorbereitung

Verzeichnisse der Forschungsberichte aus folgenden Gebieten können beim Verlag angefordert werden:

Acetylen/Schweißtechnik - Arbeitswissenschaft - Bau/Steine/Erden - Bergbau - Biologie - Chemie - Eisenverarbeitende Industrie - Elektrotechnik/Optik - Energiewirtschaft - Fahrzeugbau/Gasmotoren - Farbe/Papier/Photographie - Fertigung - Funktechnik/Astronomie - Gaswirtschaft - Holzbearbeitung - Hüttenwesen/Werkstoffkunde - Kunststoffe - Luftfahrt/Flugwissenschaften - Luftreinhaltung - Maschinenbau - Mathematik - Medizin/Pharmakologie/NE-Metalle - Physik - Rationalisierung - Schall/Ultraschall - Schiffahrt - Textiltechnik/Faserforschung/Wäschereiforschung - Turbinen - Verkehr - Wirtschaftswissenschaft

WESTDEUTSCHER VERLAG · KÖLN UND OPLADEN
567 Opladen/Rhld., Ophovener Straße 1-3

GPSR Compliance

The European Union's (EU) General Product Safety Regulation (GPSR) is a set of rules that requires consumer products to be safe and our obligations to ensure this.

If you have any concerns about our products, you can contact us on ProductSafety@springernature.com

In case Publisher is established outside the EU, the EU authorized representative is:

Springer Nature Customer Service Center GmbH
Europaplatz 3
69115 Heidelberg, Germany

Batch number: 10584556

Printed by Printforce, the Netherlands